用Python快速上手
資料分析與
機器學習

寺田學、辻 真吾、鈴木たかのり、福島真太朗 著 | 温政堯 譯

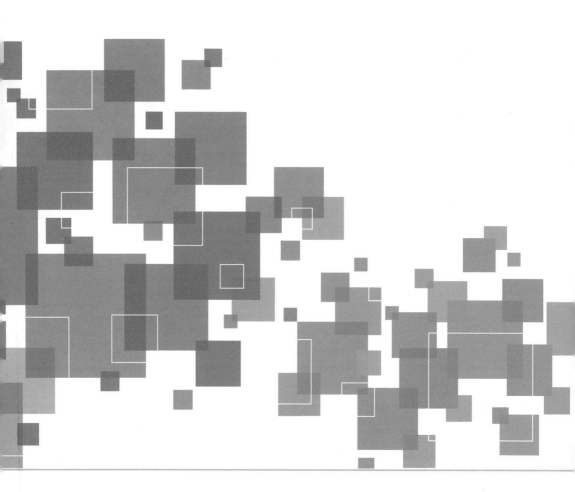

Python によるあたらしいデータ分析の教科書 第 2 版

(Python ni Yoru Atarashi Data Bunseki no Kyokasho Second Edition：7661-1)

©2022 Manabu Terada、Shingo Tsuji、Takanori Suzuki、Shintaro Fukushima

Original Japanese edition published by SHOEISHA Co., Ltd.

Traditional Chinese Character translation rights arranged with SHOEISHA Co., Ltd.
through JAPAN UNI AGENCY, INC.

Traditional Chinese Character translation copyright © 2023 by GOTOP
INFORMATION INC.

前言

首先感謝您將這本書帶回家。本書保留了前一版為眾多讀者青睞的「打算開始學習資料分析時最平易近人的學習書籍」宗旨，在這次的第二版中針對時下各種開發者工具的最新版本，為各位提供詳盡的解說。

由於在 2018 年時苦於沒有一本專門講解使用 Python 進行資料分析的基本工具、以及所需數學知識的學習書籍，是本作的前身「用 Python 快速上手資料分析與機器學習」問世的背景。時間往前推進，相信各位也都感受到運用 Python 來分析資料跟進行機器學習的人越來越多。但對初學者而言，這麼多種開發工具該從何學起、該怎麼面對數學函式，都是一大挑戰。

本書正是為了正在苦惱前述問題的學習者所編寫，透過廣泛地講解 Python 資料分析與基礎數學，不僅提供資料分析時所需要的資訊，更旨在以簡單扼要地說明來讓讀者更好理解。期待各位將本書作為學習必備知識的基本功，而書中所未盡之處則可再透過相關官方文件或其他書籍來補足。

最適合閱讀本書的讀者，是目標成為資料分析師、且已經對 Python 有一定程度認知的工程師。會這麼說是因為書中會採最精簡的方式來介紹 Python 的語法與規範，所以如果能自行看懂 Python 官方教學，將會在閱讀本書時更快地進入狀況。開發工具的部分則會使用 NumPy 與 pandas 來學習資料分析時較為重要的處理方法，接著再以 Matplotlib 對資料進行視覺處理，最後運用 scikit-learn 來執行機器學習的分類和預測。為了要能在實務上執行資料分析跟機器學習，除了開發工具的使用方法之外，數學知識也不可或缺，因此書中也會說明基礎數學，引導讀者看懂公式。在進行資料分析時，如何蒐集資料、並將資料轉換為可以分析的形式也非常重要。因此書中也放入了網頁抓取、自然語言處理、圖像處理這些簡單的講解。

希望本書能為讀者提供全方位的資料分析學習視角，在通往資料分析工程師的職涯路上，幫助各位邁出第一步。

作者代表 寺田 學

PREFACE **致謝**

之前在出版「用 Python 快速上手資料分析與機器學習」時，無論是撰寫、審核、校閱，都在非常精實的時程安排下完成，令人永生難忘之外，加上當時有著多位同行權威嚴格審核內容，我們共同完成了非常優異的一本書籍。如今有幸發行第二版，請讓我務必再次鄭重感謝共同作者、同行權威人士、以及出版社的全體同仁所付出的努力。

我非常開心這麼快就能與第一版時的共同作者辻 真吾、鈴木 たかのり、福島 真太朗一起合作第二版，請容我再次向他們表達感謝。

最後，感謝全體相關人員的協助與努力，共同優化了先前的內容，讓本書的第二版得以順利誕生。

作者代表 寺田 學

INTRODUCTION **有關本書的目標讀者與內容結構**

● 本書的目標讀者與內容結構

本書為使用 Python 進行資料分析的入門書籍，內容包羅萬象，從如何安裝 Python、數學基本知識、多項工具的用法、到如何處理資料，應有盡有。詳細內容請參閱 P.vi 的目錄。

● 目標讀者

想成為資料分析工程師、且已經對 Python 稍有涉獵的工程師。

● Python 3 Certified Data Analyst Examination

本書以日本 Python 工程師育成推進協會所實施的「Python 3 Certified Data Analyst Examination」作為主教材。認證考試相關細節請參閱書末（P.327）內容。

● 本書的執行環境

本書所使用的作業軟體與開發工具版本為下列內容。

作業軟體

- Windows 10、11
- MacOS Monterey

開發工具

- Python 3.10.6
- NumPy 1.22.4
- SciPy 1.8.1
- Matplotlib 3.5.2
- Scikit-learn 1.1.1
- JupyterLab 3.4.3
- Pandas 1.4.2

● 附屬資料

附屬資料可從下方連結進行下載。

URL http://books.gotop.com.tw/download/ACD023400

※ 附屬資料相關權利為作者及翔泳社所擁有。未經許可嚴禁散佈、轉載至任何網站。

※ 附屬資料可能在未經官方公告的情況下就停止服務。敬請海涵見諒。

※ 附屬資料當中的連結可能在未經公告的情況下有所變更。

● 免責聲明

附屬資料的內容為依據 2022 年 9 月的日本法令所製作而成,當中所附上的連結等內容可能在無事先公告的情況下而變更。我們致力正確地製作附屬資料當中所提供的內容,但作者跟出版社任一方不針對內容進行任何保證,亦不負責任何依照內容跟範例執行所導致的任何結果。附屬資料當中所記載之公司名稱、產品名稱為該公司的商標以及註冊商標。

翔泳社 編輯部

Chapter 3 基礎數學   053

CHAPTER 1 資料分析工程師的職責

越來越多人開始重視在 AI 跟機器學習領域上，資料分析工程師可以為他們完成什麼任務。

本章會針對資料分析工程師的職責、機器學習的流程、開發工具來進行講解。

1.1 資料分析的世界

説明資料分析工程師的職責、以及資料分析的現況。

◉ 1.1.1 資料分析的現況

由於數位轉型潮流跟 IoT 設備的普及，越來越多的資訊進入了數位化的流程，累積了龐大的資料。再加上政府發佈了開源資料基本方針，致使從中央到地方都有免費提供許多機器可判讀的資料，讓民眾可以自由運用這些資料。

擁有一定的資料量，就有機會運用家用個人電腦來處理，而且由於現今的雲端服務相當完備，要備妥足以處理龐大資料量的環境並非難事。像是預測營收或顧客行為、圖像辨識等，都是實際的資料處理應用案例，而這大多部分也用上了機器學習。

機器學習最不可或缺的就是資料，以資料作為依據去預測現象或是進行分類。本書想要與各位探討的「資料分析」已經是一門顯學。

● **開源資料基本方針簡介**

URL https://www.digital.go.jp/assets/contents/node/basic_page/field_ref_resources/f7fde41d-ffca-4b2a-9b25-94b8a701a037/1dc6c99a/20220412_resources_data_guideline_01.pdf

● 從資料分析所發展而來的事物

能用到資料分析的領域非常廣泛，且用途五花八門。例如以用在工廠的異常檢測系統來說，目前技術上已經可以運用工廠系統輸出的設備溫度變化跟轉速等資料，研判是否出現異常的徵兆。另外資料分析還被用來評估文案的價值、天氣預報等情況，人們運用分析資料來掌握趨勢，找出重要因素，並進一步預測未知的現象。

此外，深度學習（Deep Learning）運用了大量的資料為基礎，持續精進在如何辨識物體、自動翻譯等相關應用上的技術。

在解決現實社會問題的工具這點來看，資料分析可說是潛力無限。希望透過本書作為墊腳石，引領各位讀者逐步學習分析資料的方法與技巧。

🔹 1.1.2　資料分析與 Python

本書會使用程式語言 Python 來講解分析資料所需的技術。

● Python 在資料分析領域中的角色為何

在資料分析領域當中，選用 Python 作為程式語言已經是業界標準，世界各地有許多資料分析工程師都使用 Python 來進行資料分析。

資料分析會接觸到大量的資料，而分析中我們會處理到數值、文字、圖像和聲音等不同形式的資料。運用 Python 進行程式設計，可以將資料轉換成可分析的格式，進而透過統計技巧跟機器學習來進行預測。

● Python 的特點

Python 是通用型的程式語言，不僅有著為數眾多的使用者，也被應用在商業服務上。而 Python 有以下的特色。

- 易懂的語言規範
- 無須編譯的動態腳本語言
- 豐富的標準函式庫跟外部套件
- 資料分析以外的應用範圍也相當廣泛
- 開源

● Python 擅長的領域

除了用在資料分析之外，Python 也被應用在下列的多種用途。

- 伺服器相關工具
- 建構 Web 系統
- 操作 IoT 物聯網設備
- 3D 電腦圖形

Python 擁有豐富的標準函式庫，即便不使用外部套件也能做到多樣化的資料處理。如果進一步藉助外部套件的幫助，則能應用到更多元的用途。能應用在資料分析以外的各種場合，也是使用 Python 分析資料的優勢之一。

● Python 不擅長的領域

1

換作是以下的領域，那麼可能選擇其他的程式語言會比較有利。

- Web 應用程式等前端
- 桌面 GUI
- 為提升速度的低層級處理
- 處理超大規模且關鍵的任務

Python 用途之廣，不乏有人將它應用在上述領域的情況，但目前依然沒有絕對的優勢。每種程式語言有其適合與不適合的領域，我們需要了解 Python 的特性再來運用。

● 使用 Python 分析資料時所使用的工具

Python 可以使用許多的標準函式庫，不過為了要執行資料分析，還是得要導入外部套件才行。而主要的套件有 JupyterLab、NumPy、pandas、Matplotlib、SciPy、scikit-learn。細節會在本章的第 1.3 節「資料分析主要會用到的套件」（P.013）以及第 2 章第 2.1 節的「2.1.3 pip 指令」（P.020）解說。這些套件都跟 Python 一樣都是開源的。靈活運用套件來完成 Python 的資料分析吧。

● Python 以外的選項

想做資料分析，倒也不是只有 Python 這個程式語言適合。

在資料分析的領域當中，最常被拿來跟 Python 比較的就是 R 語言。R 語言有以統計為核心的豐富函式庫，是個讓我們只需要輕鬆運用現有的手邊環境就能執行資料分析或機器學習的優秀開源程式語言。但是，倘若要處理的是 Web 應用跟驅動伺服器端的問題，就不是單靠 R 語言可以解決的了。

其實就連 Microsoft Excel 也可以做到一定程度的資料分析。雖說運用 GUI 就可以立刻派上用場，不過如果要能重複地去匯入每天的資料，還是需要運用 VBA 這類程式語言。此外，Java 跟其他通用程式語言也都可以執行資料分析。而在選擇語言時，需要注意是否擁有豐富的函式庫可使用、以及範本數量較少的問題。

用自己最習慣的語言跟工具來執行資料分析，可以降低入門時的門檻。而 Python 學習成本低，是較容易編寫的程式語言，因此要在學習資料分析的同時一併學習 Python 或許不會太難，請大家一起來跟著我們挑戰使用 Python 進行資料分析吧！

🔵 1.1.3　什麼是資料科學家

資料科學家是擁有綜合了數學、資訊工程、專業領域知識（domain knowledge）這三大面向的知識，能夠分析資料、或者進行一連串剖析資料的處理以及理解、評估的角色。

● 資料科學家的職責

具體來說資料科學家的職責有下列這幾項。

- 建構模型跟演算法
- 致力於開發新的解方跟新技術
- 站在實務面去正視欲解決的問題
- 建議如何解讀資料
- 評斷分析結果

● 研究領域與實務面的差異

在研究領域當中與實務面來說，資料科學家的職責有著些許差異。

研究領域會較為重視開發新解方跟新技術，而實務面則會著重在正視欲解決的問題。我們要意識到研究領域跟實務面所追求的是不一樣的目標。

🔵 1.1.4　什麼是資料分析工程師

剛才講解了資料科學家，接下來談談資料分析工程師的定義。

Data Engineering 這個學術領域主要是以資訊工程為基礎來處理資料。Data Engineering 涵蓋了從資料庫技術到資料的活用。本書會將資料分析工程師定義為實踐 Data Engineering 的一種職業。

● 資料分析工程師應具備的技術跟知識

資料分析工程師至少需具備的技術，是 **表 1.1** 當中的 4 個項目。

表 1.1 資料分析工程師需具備的技術

必要技術	細節	本書相關章節
獲取跟處理資料	從資料庫跟檔案等來源獲取資料，依據需求來進行處理的技術	第 4 章第 4.1 節 NumPy 第 4 章第 4.2 節 pandas
資料視覺處理	將資料的特性以圖形呈現的視覺處理技術	第 4 章第 4.3 節 Matplotlib 第 4 章第 4.2 節 pandas 中的部分內容
程式編寫	具有使用如 Python 等編程能力	第 2 章 Python 與環境
基礎設施層	從架構環境到伺服器端、處理資料基礎架構的技術	第 2 章 Python 與環境中的部分內容

接著，資料分析工程師也應該要會的進階技術則是 **表 1.2** 當中的 3 個項目。

表 1.2 資料分析工程師應有的進階技術

必要技術	細節	本書相關章節
機器學習	理解機器學習流程並能執行的技術。相較於知道深度的演算法知識，不如涉獵廣泛的執行方法來得更有競爭力。	第 4 章第 4.4 節 scikit-learn
數學	從高中到大學的初級數學知識	第 3 章 基礎數學
專業領域知識 （domain knowledge）	對執行資料分析的領域有著專業的見解	─

◉ 1.1.5 資料處理（預處理）的重要性

執行資料分析時，資料處理（Data Handling）扮演著非常重要的角色。

在機器學習當中，資料處理甚至可以說是佔了工作的 8 成到 9 成。而資料處理也被稱為預處理，舉凡獲取資料、重新處理資料、合併跟視覺處理等，都是在分析過程當中一而再、再而三得要做的事情。遇到資料數量不夠時則還需要找尋其他的資料來源，而在某些機器學習方法上，有時候也還要針對資料進行標準化等處理。

1.2 機器學習的定位與流程

備受矚目的機器學習在資料分析領域當中有著什麼樣的定位,又該以什麼樣的流程來進行呢。

1.2.1 什麼是機器學習

機器學習是運用機器學習演算法去找出大量的資料中有何特性,執行如預測等行為的算式的集大成,並將此稱之為模型。建構用於預測等任務的機器學習模型,然後拿來分類資料或者預測數值。而為了要建構模型,就需要能用來輸入的資料、以及處理資料的演算法。

運用資料與演算法來依序更新內部參數,進而建構起機器學習的模型。將已知的資料輸入模型,可以用來預測未知的數值,也可以透過分類資料來了解輸入的資料具有什麼特性。

1.2.2 用資料建構模型

其實也有不必使用複雜的機器學習演算法,就能進行預測的方法。

第一種是規則型的方法。

這方法是寫程式時的條件分歧的做法,以 if 陳述式來逐步寫出條件。

舉例來說,要預測門市當天的營業額時,因為明天是「星期日」且天氣預報為「晴天」,所以預估營業額會達 5 萬日圓,又或者因為後天是「星期一」且天氣預報為「雨天」,所以預估營業額會落在 3 萬日圓。範例中存在著「星期」跟「天氣」兩個變數,僅止如此預測就成立了,同時也因為只有 2 個參數,所以很容易為過去的資料建立起規則。不過,當參數的數量越來越多,就會難以使用規則來描述,而演變成無法寫成程式的量。

第二種則是統計方法。

使用資料來求出統計數值,再拿算出來的數值來進行預測。

比方說，先求出某國小的三年級男同學們跑 50 公尺需要多少時間的平均數與變異數，接著將只有少數幾人的小型學校的相同學年、相同性別的孩童跑 50 公尺的結果，拿來與其他學校相比較時，預測這間小型學校的孩童可以在賽跑中獲得第幾名。如果可以不侷限在以學校為單位，而是網羅全日本的數值來進行驗證，就可以得知在整個日本的時間差異與排名了。此外，也可以使用隨機蒐集而來的樣本（範本）資料，來預測名次會落在全日本的孩童當中第幾名，這些在統計上稱之為預測數值。在機器學習的演算法當中就存在著許多本著統計學方法所建構而成、相容性相當高的做法。

🔷 1.2.3 機器學習的任務型態

使用機器學習能解決的任務與日俱增，從機器學習的任務型態來分類，可以得出以下三種類型。

- 監督式學習

- 非監督式學習

- 強化式學習

◉ 監督式學習

監督式學習（Supervised Learning）是當存在正確答案的標籤資料時所使用的方式。

正確答案是指針對尚待解決的問題來說，身為目標的**數值**。也就是說，要使用這個方式的前提就是必須要先擁有目標值的資料，目標值本身就具有重要的意義，而運用正確答案以外的資料來得出正確答案、或者得出接近正確答案的數值的方式，就是監督式學習。

我們將身為正確答案的目標值稱之為**目標變數**，除此之外的資料都是為了解釋目標變數的資料，因此稱之為**解釋變數**。解釋變數又可以稱之為特徵資料或特徵。

機器學習的監督式學習是為了要能夠讓解釋變數順利求出目標變數，為此電腦會運行求出內部參數。當解釋變數跟目標變數的組合越多，則模型就越有機會更接近正確答案。

監督式學習可以依據目的變數的種類分為**迴歸任務**跟**分類任務**兩種。

迴歸任務的目標變數（正確答案）會是連續值。運用機器學習來預測連續值，得出的結果也會是連續值。像是預測營業額、或是氣溫這些類型的任務。

分類任務則是目標變數會變成分類過的資料，當中包含了可以分為確診流感跟沒有確診流感的二元分類任務，跟像是預測動物種類的多元分類任務。重點在於目標變數不是連續值。使用深度學習（Deep Learning）來分析檢測到的物體也可以歸類在分類任務當中。

這邊我們先了解到，監督式學習當中有監督式迴歸任務、與監督式分類任務兩種。

● 非監督式學習

非監督式學習（Unsupervised Learning）是不使用正確答案的學習方法。

沒有正確答案的狀態下是要怎麼進行學習？在非監督式學習當中，是依據資料跟資料彼此的特徵來進行學習。

非監督式學習主要有分群任務跟降維任務。

分群任務是將資料進行分群，例如依據在校成績跟睡眠時間這兩種資料來分成 3 個叢集的任務，乍看之下看似毫無因果關係的事物，有可能會在執行分群之後的叢集當中找到關聯性。分群通常不會只執行 1 次就結束，可以透過增加資料種類、或是調整分群的數量來產生不同的結果。

降維則是將大量的資料種類（當解釋變數的維度較高時），用更少量的資料種類（轉換為較低維度）來描述的方法。一旦直接將數以千計的解釋變數直接拿來丟到監督式學習裡，就會導致計算量過於龐大而學習成效不彰。透過像是主成分分析（P.249）這類的方法來實現降維，讓為數龐大的解釋變數減少到適合用於計算的數量。

● 強化式學習

強化式學習（Reinforcement Learning）是身處宛如黑盒子般的環境當中行動的代理程式，它是會為了取得最豐厚的報酬而採取相對應的行動的學習方式，近幾年來從研究階段逐漸推進到實際應用領域。

比方說，把將棋跟圍棋這些賽局的規則當作學習環境，每當電腦做出有機會致勝的舉動時就給予更高的報酬，不斷地進行學習。其他還有像是應用在機器人學的案例，當機器人向前進就給予報酬，讓機器人最終得以抵達終點。不過這部分這次不在本書的講解範圍之內，有興趣的讀者們再另行查找有關強化式學習的專業書籍去研究囉。

🔹 1.2.4　機器學習的處理流程

接下來會運用監督式分類任務來講解機器學習處理上常見的流程步驟。

將處理的流程以每個環節進行細分，可以分為以下 8 個項目。

- 獲取資料
- 處理資料
- 資料視覺處理
- 選擇演算法
- 訓練流程
- 評估精確度
- 測試驗證
- 應用結果

圖 1.1 將環節以流程圖的方式來呈現，並在旁註記主要會用到的工具與技巧。

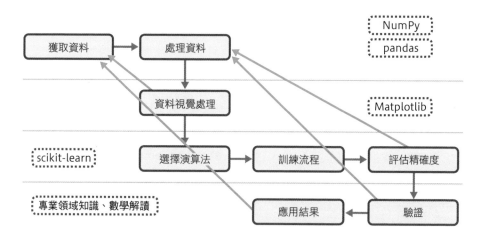

圖 1.1　機器學習處理流程

這邊先簡單地說明處理流程，每個函式庫的具體操作方式跟講解會主要放在第 4 章。各位在這裡稍微看過即可，等到讀完第 4 章之後可以再回過頭來複習。

● 獲取資料

要開始進行機器學習，首先要找尋可以使用的資料，也就是從獲取資料開始。當我們拿到資料之後的第一件事，先掌握資料的概要，確認可以用在我們打算進行的機器學習上。

為了掌握資料的概要、將其整理為容易判讀的格式時，就會用到 NumPy、pandas。

● 處理資料

把剛到手的資料進行初步的處理。當需要整理資料的格式或是資料是從多個來源所獲得時，都會在這個階段整併。當資料有欠缺一部分，需要處理缺失值時也會在這個階段進行。

這裡跟上一個環節一樣會用到 NumPy、pandas。

● 資料視覺處理

將統整好的資料，以表格跟圖形等視覺處理方式呈現。運用視覺處理工具，可確認要用於機器學習上的資料是否已經齊全。

在這個環節會用到視覺處理工具 Matplotlib。而需要確認統計數值時則運用 pandas。

● 選擇演算法

選擇適合的演算法是機器學習當中最困難的一個環節。此時會確認前一步所執行完成的資料，依據目的以及資料來決定使用哪個演算法。

在這裡大多會使用機器學習套件 scikit-learn。

● 訓練流程

透過演算法來執行訓練、建構模型。此時需要針對演算法設定超參數。所謂超參數，是執行演算法時必要的參數，在機器學習當中，選擇演算法的同時如何設定好最適當的超參數，會是最重要的關鍵。設定好之後，就運用資料來進行訓練。

跟上一步相同，大多都使用 scikit-learn。

● 評估精確度

使用訓練完成的模型進行預測。會使用稍早用於訓練的資料、以及留下來用做驗證的資料這兩者來進行預測。

在評估預測結果時不能只看準確率就妄下定論。以分類任務來說，則需要確認混淆矩陣（P.251），或是確認精確率跟召回率。

這個環節跟前一個相同，會用到 scikit-learn 當中的許多功能。

● 測試驗證

走到這一步，已經使用既有資料完成訓練、建構好模型，並使用既有資料確認過了結果。

只不過，要讓人能信服模型行得通，就得使用不知結果如何的未知資料來驗證。運用建構模型階段時無從得知的資料來進行測試驗證，才能知道真正的結果是好是壞。

當評估結果差強人意時，要重新修改流程，再次執行。不斷地去重複檢視跟調整，直到做出令人滿意的結果。

評估時得盡量將結果以量化方式呈現，因此如果能透過統計資料來呈現結果會更佳。

● 應用結果

倘若測試驗證的結果具有能夠應用在實際工作上的精確度時，就可將完成訓練的模型保留下來，將模型的預測結果導入實際工作中。從這時起就得持續地維護模型，持續地評估以確保模型精確度，甚至需要追加訓練資料來持續讓模型進步。

其他像是建構可以輸入未知資料來進行預測的 Web 系統，或是創建每天自動執行的預測系統，也都是拓展應用範圍的方式。

1.3 資料分析主要會用到的套件

本節會講解資料分析時主要運用的套件。

🔶 1.3.1　什麼是套件

為 Python 追加功能、或是增加更多輔助功能時所使用到的，就是外部套件跟第三方套件了。在進行資料分析時沒辦法單靠 Python 的標準函式庫就完成所有想做的事情，幸好第三方的套件種類繁多，學會如何靈活地運用套件，可以說是成為資料分析工程師的捷徑。

關於如何匯入第三方套件的內容將會在第 2 章第 2.1 節當中的「2.1.3 pip 指令」（P.020）進行較為詳盡的說明。

🔶 1.3.2　第三方套件

● JupyterLab

JupyterLab 是能在 Web 瀏覽器上執行 Python 的第三方套件。

在瀏覽器的 Form 表單當中寫下 Python 程式碼，就能直接顯示執行結果，連圖形都能在瀏覽器上顯示。而且由於執行的順序與結果可以同時儲存，想要再次執行也非常方便。執行結果會在內部以副檔名 .ipynb 的方式儲存為 JSON 格式，且如果將 .ipynb 的檔案儲存到像是 GitHub 這類的儲存庫，就可直接用長得跟JupyterLab 一樣的畫面來瀏覽。

有關使用方式請參閱第 2 章第 2.3 節「JupyterLab」（P.043）。

● NumPy

NumPy 是處理數值計算的第三方套件。

內部是由 C 語言建構，所以處理速度快，能有效處理陣列跟矩陣。具備了直接進行轉換陣列內部的資料，以及在不分解元素的情況下高速執行矩陣與向量的加法的功能。

詳細內容請參閱第 4 章第 4.1 節「NumPy」（P.094）。

◉ pandas

Pandas 是以 NumPy 為基礎，來提供 DataFrame 架構的第三方套件。

DataFrame 架構的靈感是來自於 R 語言的資料框架，最大的特色是能以表格的格式來靈活地處理二維資料。像是轉換資料、處理等，都能協助資料分析工程師以極高的效率去完成日常當中經常需要面對的編程任務。

詳細內容請參閱第 4 章第 4.2 節「pandas」（P.137）。

◉ Matplotlib

Matplotlib 這個第三方套件主要是將資料以視覺化的方式呈現。

受到數值分析軟體 MATLAB 相當大的影響，可說是 Python 領域的視覺處理工具的一時之選。能用來描繪折線圖、直方圖等圖形。

詳細內容請參閱第 4 章第 4.3 節「Matplotlib」（P.180）。

◉ scikit-learn

scikit-learn 是彙集了機器學習演算法跟評估工具的第三方套件。

它不僅已經成為了人們在選擇機器學習工具套組的固定班底，更因為操作上的設計相當統一而非常便於使用，在許多的機器學習演算法當中都有搭載。由於測試工具跟評估工具也相當豐富，因此即便是在不過度仰賴 scikit-learn 的情況下想要去完成自己寫好的演算法時，也是相當方便。

詳細內容請參閱第 4 章第 4.4 節「scikit-learn」（P.214）。

◉ SciPy

SciPy 是輔助科學技術計算的第三方套件。

由於它在 scikit-learn 當中負責許多高階計算處理，因而成為了重要的套件之一。可用於像是高階的統計處理跟線性代數、傳立葉轉換等。本書當中不會介紹詳細使用方式。

Python 與環境

第 2 章會講解預計使用 Python 進行資料分析的事前準備、建構 Python 編程環境方法以及基本語法。另外也會提及 JupyterLab 對話型程式執行環境的用法。

由於功能實在太五花八門,因此內容將會著重在從 Python、JupyterLab 諸多功能當中挑選一部分筆者認為最基本的部分來跟各位讀者分享。期待看過本書基本介紹後,各位可以具備了初步的了解,爾後再透過其他的書籍或是公開文件去學習更進階的內容。

2.1 建構執行環境

首先說明如何建構使用 Python 進行編程時的環境。會請各位先安裝正式版的
Python，隨後透過 venv 製作虛擬環境、以及運用 pip 指令來進行套件管理。
另外會再簡單介紹 Anaconda 來作為本節的補充內容。

2.1.1 安裝正式版 Python

先進到 Python 官方網站（python.org），下載正式版 Python 安裝檔。找到
Download Python 的頁面，下載 3.10 版當中的最新版本（2022 年 9 月時的最新版
本是 3.10.6）。

- **Download Python**

  URL　https://www.python.org/downloads/

安裝 Windows 的 Python

請各位讀者依據自己電腦的 Windows 作業軟體類型，下載以下任一版本。

- 64 位元版本：Windows installer (64-bit)
- 32 位元版本：Windows installer (32-bit)

下載完成之後請執行安裝檔，安裝 Python。

在安裝畫面會出現「Add Python 3,10 to PATH」，在這裡我們勾選項目之後就會執
行安裝，自動將導向 Python 的路徑加入到 PATH 環境變數當中。當完成新增路徑
後，只要在 PowerShell 上輸入「python」，就能直接執行 Python 了。如果沒這樣
新增路徑，就得要指定完整路徑。

順利安裝完成後，就可以實際操作 PowerShell 來確認可以開啟 Python 囉（> 是
PowerShell 的輸入提示字元）。

```
> python -V
Python 3.10.6
```

● 安裝 macOS 的 Python

如果您的電腦是 macOS，請下載這個名稱的安裝檔。

- macOS 64-bit universal2 installer

安裝完成後，請開啟終端機，確認可以執行 Python（% 是終端機的輸入提示字元）。在完成安裝 Python 後，為了要能在 SSL 使用 macOS 的根憑證，需要執行下述命令。

```
% python3.10 -V
Python 3.10.6
% /Applications/Python\ 3.10/Install\ Certificates.command
```

🔷 2.1.2 venv: Python 的虛擬環境

在開始使用 Python 進行資料分析前，先跟各位介紹一下 Python 虛擬環境模組 venv。

● 什麼是 venv

venv 是建立 Python 虛擬環境的模組，只要有安裝 Python，就連帶可以使用 venv 了。

不過，Python 的虛擬環境是什麼？該怎麼運用？在使用 Python 來分析資料、開發軟體時，我們會遇到以下的問題。

- 在 A 專案時使用了 pandas 1.2.5 進行資料分析
- 新的 B 專案需要用 pandas 1.4.2
- 但 A 專案 pandas 功能較舊，無法在 pandas 1.4.2 執行

在 Python 當中，一個環境只能安裝一個版本的套件（在這個案例當中是 pandas），所以無法在單一環境當中去區分 pandas 1.2.5 跟 1.4.2 這兩個版本。

不過如果針對每個專案來建立虛擬環境，就能安裝每個專案所需要的套件版本，實現使用同一個套件的不同版本。

● 在 Windows 建立 venv 環境

為了要設定 PowerShell 對腳本的執行權限，我們執行 Set-Executionpolicy 指令。只要執行過一次這個指令，就一勞永逸了。如果出現「是否要變更執行原則？」的訊息，就請輸入「Y」，意思是「是」。

虛擬環境會以「python -m venv 環境名稱」來建立，我們可以獲得以指定的環境名稱所建立的目錄（環境名稱 \Scripts\），當我們執行了目錄當中的 Activate.ps1 腳本後，就能啟用虛擬環境。當執行 Activate.ps1 出現錯誤時，請以完整路徑的方式來指定前往 Activate.ps1 的路徑。

虛擬環境生效後，指令提示會顯示環境名稱。

```
> Set-Executionpolicy RemoteSigned -Scope CurrentUser
> python -m venv venv-test
> dir venv-test

    目錄 : C:\test\venv-test


Mode                 LastWriteTime         Length Name
----                 -------------         ------ ----
d-----        2022/05/02     14:59                Include
d-----        2022/05/02     14:59                Lib
d-----        2022/05/02     14:59                Scripts
-a----        2022/05/02     14:59             84 pyvenv.cfg

> venv-test\Scripts\Activate.ps1
(venv-test) >
```

執行 deactivate 指令可關閉虛擬環境，當指令執行完成後，提示就會恢復原本的狀態。

```
(venv-test) > deactivate
>
```

如果不需要保留虛擬環境，則可以刪除虛擬環境的目錄。

```
> rm -r -fo venv-test
```

● 在 macOS 建立 venv 環境

接著說明如何在 macOS 上使用 venv 建立虛擬環境。虛擬環境會以「python3.10 -m venv 環境名稱」來建立。執行指令、以指定的環境名稱來建立目錄（環境名稱 / bin/），當我們執行了目錄當中的 activate 腳本後，虛擬環境就會啟用。

啟用虛擬環境後，指令提示會顯示環境名稱。

```
% python3.10 -m venv venv-test
% ls venv-test
bin         include     lib         pyvenv.cfg
% source venv-test/bin/activate
(venv-test) %
```

進到虛擬環境，使用 python 指令執行剛才建立虛擬環境時的 Python 版本（本書範例為 python3.10）。

另外，也可以使用 witch 指令來確認是否正在使用虛擬環境的 python 指令。

```
(venv-test) % python -V
Python 3.10.6
(venv-test) % which python
/(任意路徑)/venv-test/bin/python
```

要關閉虛擬環境時一樣是執行 deactivate 指令即可。指令執行後提示就會恢復原本的樣子，而最新的 macOS 因為沒有安裝 python 指令的關係，當我們執行 python 指令就會出現錯誤（有些 macOS 版本當中會存在 Python 2.7 版）。

```
(venv-test) % deactivate
% python -V
zsh: command not found: python
```

如果不需要保留虛擬環境，則可以刪除虛擬環境的目錄。

```
% rm -rf venv-test
```

🟢 2.1.3　pip 指令

pip 指令是在 Python 環境安裝第三方套件的專用指令。第三方套件都公開在 PyPI - The Python Package Index 的網站上（ 圖 2.1 ），而本書所介紹的資料分析相關套件也都是用 pip 指令從 PyPI 下載來安裝的。

- **PyPI - The Python Package Index**

  URL　https://pypi.org/

圖 2.1　PyPI 首頁

接下來的講解會以 macOS 的終端機作為範例，不過除了建立虛擬環境的指令之外，Windows 跟 macOS 都是相通的，還請各位自行代換即可。

○ 安裝套件與解除安裝

安裝套件時要使用 pip install 指令。建立 Python 的虛擬環境，並在虛擬環境當中（以 NumPy 為例）安裝套件。

```
% python3.10 -m venv pip-test
% source pip-test/bin/activate
(pip-test) % pip install numpy
  （中略）
Successfully installed numpy-1.22.4
(pip-test) % python
>>> import numpy
>>> quit()
```

如果不需要先前裝好的套件，可以透過 pip uninstall 指令來解除安裝。如果使用 pip uninstall -y 跟 option，還能跳過確認的環節、直接解除安裝。

```
(pip-test) % pip uninstall numpy
   （中略）
Proceed (Y/n)? Y   # 此時會確認是否要執行，請輸入 Y
   Successfully uninstalled numpy-1.22.4
(pip-test) % python
>>> import numpy
Traceback (most recent call last):
  File "<stdin>", line 1, in <module>
ModuleNotFoundError: No module named 'numpy'
>>> quit()
```

如果是要安裝特定版本的套件時，可以用像是 pip install numpy==1.22.2 的寫法來指定。另外，當需要將既有的套件更新到最新版時，可以透過 pip install -U numpy 的方式來指定 -U（upgrade）的 option。

```
(pip-test) % pip install numpy==1.22.2   # 指定版本進行安裝
   （中略）
Successfully installed numpy-1.22.2
(pip-test) % pip install numpy   # 因為早已安裝完成，所以什麼事情都沒發生
Requirement already satisfied: numpy in ./pip-test/lib/python3.10/
site-packages (1.22.2)
(pip-test) % pip install -U numpy   # 更新到最新版
   （中略）
Successfully installed numpy-1.22.4
```

當 pip 指令的版本是較舊的情況，會跳出警示訊息。這時我們需要將 pip 套件更新到最新版。

```
(pip-test) % python -m pip install -U pip
   （中略）
Successfully installed pip-22.0.4
```

● 取得套件清單

當我們想要查看目前已安裝的套件有哪些時，可以使用 pip list 指令。使用 venv 建立虛擬環境後，套件 pip 跟 setuptools 就會自動完成安裝。

```
(pip-test) % pip uninstall -y numpy  # 刪除 numpy
(pip-test) % python -m pip install -U pip  # 把 pip 更新到最新版本
  （中略）
(pip-test) % pip list  # 取得套件清單
Package    Version
---------- -------
pip        22.0.4
setuptools 58.1.0
(pip-test) % pip install numpy==1.22.2 pandas
(pip-test) % pip list
Package         Version
--------------- -------
numpy           1.22.2
pandas          1.4.2
pip             22.0.4
python-dateutil 2.8.2
pytz            2022.1
setuptools      58.1.0
six             1.16.0
```

pip install 指令會自動安裝有相依附屬關係的套件，例如當我們安裝了 pandas，連帶 python-dateutil、pytz、six 也會自動進行安裝。要注意，解除安裝時就算執行了 pip uninstall -y pandas，附屬套件並不會同時被刪除。

當我們執行 pip list -o 時，就會顯示有新版本可以更新的套件清單。下面是以 numpy 為例，我們可以選擇使用 -U 的 option 來將 numpy 更新到最新版本。

```
(pip-test) % pip list -o
Package    Version Latest Type
---------- ------- ------ -----
numpy      1.22.2  1.22.4 wheel
setuptools 58.1.0  62.1.0 wheel
```

● 統一多個環境下的套件跟版本

在同一個專案項目當中同時有許多人會使用時，就有必要統一套件跟版本。如果團隊成員彼此所使用的套件版本不同，就會發生程式在自己電腦上可以運行、但換到其他人的電腦上卻無法運作的問題。就算是單獨一個人在進行程式設計，自己電腦上的開發環境跟未來實際軟體運行的伺服器環境如果版本不統一，也會發生相同的問題。

當我們要統一專案當中所使用到的套件版本時，可以使用 pip freeze 指令跟 requirements.txt 檔。pip freeze 有點類似 pip list，能輸出目前有安裝的套件清單，輸出格式為 requirements.txt，可以存檔後進行共享，達到在不同的環境當中去統一套件版本的目的。

首先要安裝好標準的環境當中需要的套件，然後再將用 pip freeze 指令產出的結果儲存為 requirements.txt 檔。檔名可以隨自己喜歡進行命名，這邊的檔名只是舉例而已。對了，pip freeze 的執行結果當中，不會包含 pip、setuptools。

```
(pip-test) % pip install -U numpy pandas   # 安裝最新的 numpy 與 pandas
  （中略）
(pip-test) % pip freeze > requirements.txt   # 將 freeze 的執行結果存檔
(pip-test) % cat requirements.txt
numpy==1.22.4
pandas==1.4.2
python-dateutil==2.8.2
pytz==2022.1
six==1.16.0
```

接下來要建立新的 venv 虛擬環境，並安裝相同的套件。執行 pip install -r requirements.txt 與指令，安裝 requirements.txt 所指定的套件。

```
(pip-test) % deactivate
% python3.10 -m venv pip-test2   # 建立新的虛擬環境
% source pip-test2/bin/activate
(pip-test2) % pip install -r requirements.txt   # 使用預先準備好的檔案 ➡
進行安裝
  （中略）
(pip-test2) % pip freeze   # 確認安裝完成的版本是不是相同版本
numpy==1.22.4
pandas==1.4.2
python-dateutil==2.8.2
pytz==2022.1
six==1.16.0
```

實務上會透過 Git 這類的版本管理系統來建立專案的儲存庫，然後在儲存庫裡共享 requirements.txt 檔案。

2.1.4　Anaconda

本書會使用正式版 Python，以及透過 venv 虛擬環境、pip 指令所建立的 Python 執行環境來進行演練。不過，也讓我們稍微介紹一下 Anaconda 這個有別於前述的 Python 執行環境建構方法。

● Anaconda 是什麼

Anaconda 就是 Anaconda 這家公司所開發並發布的 Python 發行版。Anaconda 跟前面所介紹的正式版 Python 的差異主要在於建立虛擬環境的做法跟 venv、pip 的方式不同，它採用的是套件管理系統。

由於 Anaconda 跟本書所介紹到的 JupyterLab、NumPy、pandas、Matplotlib、scikit-learn 都一樣，跟大多數資料科學家常用的函式庫都綁在一起，因此在資料分析跟資料科學領域也相當常用。

● 使用 Anaconda 的好處跟壞處

Anaconda 當中有包含許多 Python 套件之外，也擁有專屬的 conda 指令來管理套件、建立虛擬環境。

使用 Anaconda 最大的好處就是方便，只需要安裝一次，就能設定好包含 NumPy
跟 scikit-learn 這些對資料科學家最重要的套件在內的諸多套件。另外，運用 conda
指令還可以做到升級跟新增。當我們從其他語言剛跳過來使用 Python 時，一開始
都需要一段時間摸索跟熟悉，此時運用 Anaconda 來進行環境的設定就會相當輕鬆
方便。

而在運用 Anaconda 所設定的環境當中，可以使用 conda 跟 pip 這兩種方法來管理
套件。運用 conda 指令安裝的套件會從 Anaconda 公司所獨自管理的儲存庫下載，
但有時候會遇到下載下來的版本似乎比使用 pip 指令安裝的版本還要舊，或是在
Anaconda 公司的儲存庫裡根本不存在能用 pip 來安裝的套件。由於在 Anaconda
環境當中也能使用 pip，因此可以透過新增套件的方式來讓 pip 運作。雖然案例不
多，但是卻有人遇到因此導致以 conda 指令建立的環境無法使用的問題。有鑑於
此，通常決定要用 Anaconda 時，都會以 conda 指令來管理套件。當遇到無法以
conda 指令安裝的套件、得要透過 pip 來新增時，就要留意剛剛提到的情況。這或
許是 Anaconda 比較差強人意的部分。

● Anaconda 安裝步驟

要安裝 Anaconda，請先到 Products - Anaconda Distribution，找到與自己電腦的作
業軟體匹配的安裝檔，然後下載並執行安裝。

● **Downloads – Anaconda**

URL　https://www.anaconda.com/products/distribution

2.2 Python 的基礎

本節將會講解使用 Python 編寫資料分析程式時所需要的基本知識。
除了說明 Python 的語法特色跟基本語法結構，還會分享生成式等熟記之後相當便捷的功能，以及 pickle、pathlib 標準函式庫。

🔮 2.2.1 Python 語法

先來講講 Python 語法的特色。

● 建構環境

首先要用 venv 來建立本節當中用來執行的虛擬環境。接下來的執行都會是在虛擬環境裡面進行。

```
% python3 -m venv env
% source env/bin/activate
(env) % python -V
Python 3.10.6
```

● 語法思維

「寫出簡單易懂的程式碼」是 Python 語法的最高指導原則，可以執行相同動作的程式，基本上它們的程式碼會非常相似。

● 縮排

Python 程式語言其中一個特色，就是區塊結構不使用括號、而是以縮排（indent）來顯示。以下方的範例來說，for 陳述式所重複的範圍（block）、也就是從第 2 列到第 7 列都是縮排的狀態，並且當中符合 if-elif-else 條件時會進行的處理也以縮排的方式顯示。

```
for i in range(10):
    if i % 5 == 0:
        print('ham')
    elif i % 3 == 0:
        print('eggs')
    else:
        print('spam')
print('Finish!')
```

● 編碼規範

PEP 8 - Style Guide for Python Code 簡稱為 PEP 8，是 Python 的標準編碼規範，定義了我們要在 PEP 8 匯入多個模組時，得要寫成逐列匯入單個模組才行。

● **PEP 8 - Style Guide for Python Code**

URL https://peps.python.org/pep-0008/

```
import sys, os   # 違反 PEP8 的寫法
```

```
import sys   # 符合 PEP8 的寫法
import os
```

使用 Pycodestyle 工具可以檢查寫好的程式有沒有違反 PEP 8 定義。我們以 pip 指令安裝 Pycodestyle，就能新增 Pycodestyle 指令，檢查有無違反 PEP 8。將上面的「import sys, os」另存、命名為 sample.py，執行下方的指令，就會顯示這段程式已經違反了 PEP 8 的訊息。

● **pycodestyle**

URL https://pycodestyle.pycqa.org/

```
(env) % pip install pycodestyle
(env) % cat sample.py   # 檢查目標檔案
import sys, os
(env) % pycodestyle sample.py
sample.py:1:11: E401 multiple imports on one line
```

除了 PEP 8 之外，還能用 Flake8 工具來檢查已經定義卻沒在用的變數、已經匯入但沒使用到的模組。一樣用 pip 指令進行安裝，新增 flake8 指令。

● Flake8

URL http://flake8.pycqa.org/

```
(env) % pip install flake8
(env) % flake8 sample.py
sample.py:1:1: F401 'sys' imported but unused
sample.py:1:1: F401 'os' imported but unused
sample.py:1:11: E401 multiple imports on one line
```

2.2.2 基本語法構造

接下來會透過執行 IPython 互動模式來講解基本的 Python 語法構造。IPython 是 Python 的標準互動模式，具備 TAB 補全功能等許多便捷功能。

可以在下面的範例當中看到，當我們在 Python 的互動模式的 >>> 或 ... 這些提示字元後方進行編碼時，就會顯示執行結果。

```
(env) % python
Python 3.10.6 (v3.10.6:9c7b4bd164, Aug  1 2022, ➡
12:36:10) [Clang 13.0.0 (clang-1300.0.29.30)] on darwin
Type "help", "copyright", "credits" or "license" for ➡
more information.
>>> 1 + 1
2
>>> quit()
(env) %
```

透過 pip 指令完成 IPython 安裝後，使用 ipython 指令來啟動 IPython 互動模式。特色是當提示字元是 In [1]: 時，相對應的輸出結果 Out [1]: 一樣會有數字在裡面。

```
(env) % pip install ipython
(env) % ipython
Python 3.10.6 (v3.10.6:9c7b4bd164, Aug  1 2022, ⇒
12:36:10) [Clang 13.0.0 (clang-1300.0.29.30)]
Type 'copyright', 'credits' or 'license' for more ⇒
information
IPython 8.4.0 -- An enhanced Interactive Python. Type ⇒
'?' for help.

In [1]: 1 + 1
Out[1]: 2

In [2]: quit()
(env) %
```

IPython 互動模式還有其他下列的便捷功能。

- [TAB] 鍵補全功能

- 自動縮排

- 在物件後方加上「？」問號，可顯示物件說明

- 使用「%」來開始 Magic 指令碼

- 使用「!」來執行 Shell 指令碼

下一節要跟各位介紹的 JupyterLab（P.043），也可以運用 Ipython 喔。

● 條件運算與迴圈

Python 當中的條件運算是透過 if、elif、else 的組合來執行，而迴圈則是使用 for 陳述式將可以進行迭代的物件元素逐個取出、並放入變數當中。

```
(env) % ipython
```

```
In [1]: for year in [1950, 2000, 2020]:
   ...:     if year < 1989:
   ...:         print('昭和')
   ...:     elif year < 2019:
   ...:         print('平成')
   ...:     else:
   ...:         print('令和')
   ...:
```

Out

```
昭和
平成
令和
```

● 例外處理

例外處理會使用 try except 來進行。當發生例外時，就會在 except 裡執行。

In

```
In [2]: try:
   ...:     1 / 0
   ...: except ZeroDivisionError:
   ...:     print('無法使用 0 來執行除法')
   ...:
```

Out

無法使用 0 來執行除法

● 推導式

推導式是可以快速地產生串列跟集合的功能。除了產生列表的列表推導式之外，還有集合推導式、字典推導式。

下面是開始使用串列生成式之前，運用一般的迴圈處理生成串列當中的字串長度串列的範例。

```
In [3]: names = ['spam', 'ham', 'eggs']

In [4]: lens = []

In [5]: for name in names:
   ...:         lens.append(len(name))
   ...:

In [6]: lens
```

```
Out[6]: [4, 3, 4]
```

在列表推導式當中遇到相同的處理，可以如下來進行描述。

```
In [7]: [len(name) for name in names]   # 建立字串長度的串列
```

```
Out[7]: [4, 3, 4]
```

集合推導式則透過 {} 來定義。

```
In [8]: {len(name) for name in names}   # 建立字串長度的集合
```

```
Out[8]: {3, 4}
```

同樣地，字典推導式也使用 {} 來定義 key: value。

```
In [9]: {name: len(name) for name in names}   # 建立字串跟字串長度的字典
```

```
Out[9]: {'spam': 4, 'ham': 3, 'eggs': 4}
```

在推導式當中雖然也可以使用陳述式跟巢狀，但會太複雜，所以我們還是先使用 for 陳述式就好。

```
In [10]: [x*x for x in range(10) if x % 2 == 0]
```

```
Out[10]: [0, 4, 16, 36, 64]
```

```
In [11]: [[(y, x*x) for x in range(10) if x % 2 == 0] ➡
for y in range(3)]
```

```
Out[11]:
[[(0, 0), (0, 4), (0, 16), (0, 36), (0, 64)],
 [(1, 0), (1, 4), (1, 16), (1, 36), (1, 64)],
 [(2, 0), (2, 4), (2, 16), (2, 36), (2, 64)]]
```

● 生成式

生成式跟推導式一樣，使用 () 來定義。相較於當我們執行列表推導式時會定義一個列表，使用生成式則會產生一個生成器，將值逐一回傳，讓處理大量資料時不會一次就消耗大量的記憶體，減輕系統負擔。

```
In [12]: l = [x*x for x in range(100000)]   # 產生到 10 萬為止的平方值列表

In [13]: type(l), len(l)   # 確認型別與元素數量
```

```
Out[13]: (list, 100000)
```

```
In [14]: g = (x*x for x in range(100000))   # 使用生成式定義

In [15]: type(g)   # 確認型別
```

```
Out[15]: generator
```

```
In [16]: next(g), next(g), next(g)   # 照順序取出值
```

```
Out[16]: (0, 1, 4)
```

● 檔案的匯入匯出

使用內建的 open 函式來匯入、匯出檔案。此外，為了避免忘記關閉檔案，建議可以使用 with 陳述式。

```
In [17]: with open('sample.txt', 'w', encoding='utf-8') ➡
as f:   # 寫入檔案
    ...:      f.write('午安 \n')
    ...:      f.write('Python\n')
    ...:
```

```
In [18]: f.closed   # 確認檔案是否已經關閉完成
```

```
Out[18]: True
```

```
In [19]: with open('sample.txt', encoding='utf-8') as ➡
 f:   # 讀取檔案
    ...:      data = f.read()
    ...:

In [20]: data
```

```
Out[20]: '午安 \nPython\n'
```

● 字串的運用

Python 的字串當中有許多的方法跟功能，可以靈活地進行字串的處理。

In

```
In [21]: s1 = 'hello python'

In [22]: s1.upper(), s1.lower(), s1.title()   # 變換字串的全形半形
```

Out

```
Out[22]: ('HELLO PYTHON', 'hello python', 'Hello Python')
```

In

```
In [23]: s1.replace('hello', 'Hi')   # 取代字串
```

Out

```
Out[23]: 'Hi python'
```

In

```
In [24]: s2 = '   spam   ham    eggs   '

In [25]: s2.split()   # 使用空白字元分割字串
```

Out

```
Out[25]: ['spam', 'ham', 'eggs']
```

In

```
In [26]: s2.strip()   # 刪除左右兩側的空白字元
```

Out

```
Out[26]: 'spam   ham    eggs'
```

In

```
In [27]: s3 = 'sample.jpg'

In [28]: s3.endswith(('jpg', 'gif', 'png'))   # 檢查字串是否以 ➡
特定字元或字串結尾
```

Out

```
Out[28]: True
```

In

```
In [29]: '123456789'.isdigit()   # 檢查字串是否為數值字串
```

Out

```
Out[29]: True
```

In

```
In [30]: len(s1)   # 取得字串的長度
```

Out

```
Out[30]: 12
```

In

```
In [31]: 'py' in s1   # 檢查字串中是否存在指定的子字串
```

Out

```
Out[31]: True
```

In

```
In [32]: '-'.join(['spam', 'ham', 'eggs'])   # 將多個字串連接在一起
```

Out

```
Out[32]: 'spam-ham-eggs'
```

為了將變數或陳述式的結果嵌入字串中，可以使用格式化字串字面值（f-string）。使用 f-string 時，在字串字面值前加上 f 或 F 的前綴，將要嵌入的變數或陳述式放在大括號 { } 中，這樣它們就會被替換為實際的值。f-string 常用於要將變數值放入字串模板、用來產生訊息時。

In

```
In [33]: name, lang = 'takanory', 'python'

In [34]: f'{name} 喜歡 {lang}'
```

Out

```
Out[34]: 'takanory 喜歡 python'
```

In

```
In [35]: f'{name.title()} 喜歡 {lang.upper()}'  # 執行字串方法
```

Out

```
Out[35]: 'Takanory 喜歡 PYTHON'
```

In

```
In [36]: f'{name=} 喜歡 {lang=}'   # 加上 = 可以運用合併算式與數值的方式進行輸出
```

Out

```
Out[36]: "name='takanory' 喜歡 lang='python'"
```

🔷 2.2.3　標準函式庫

Python 當中附帶了許多方便的模組可以作為標準函式庫，只要安裝 Python 就能使用。接下來就介紹幾個好用的資料分析標準函式庫。

● 正規表達式

Python 的正規表達式會使用 re 模組。

● **re 模組**

URL https://docs.python.org/ja/3/library/re.html

In

```
In [37]: import re

In [38]: prog = re.compile('(P(yth|l)|Z)o[pn]e?')   # 產生正規表達物件

In [39]: prog.search('Python')   # 匹配成功則回傳 match 物件
```

Out

```
Out[39]: <re.Match object; span=(0, 6), match='Python'>
```

In

```
In [40]: prog.search('Spam')   # 若匹配失敗則回傳 None
```

● logging 模組

當我們想要在批次處理的過程當中進行匯出時，與其使用 print 函式，其實 logging 模組是更方便的選擇。

● **logging 模組**

URL https://docs.python.org/ja/3/library/logging.html

下方的範例指定了匯出日誌的檔名、日誌級別、輸出格式。我們使用預設值來輸出日誌，此時的日誌級別要達到 WARNING（警告）以上的內容才會被輸出。

In

```
In [41]: import logging

In [42]: logging.basicConfig(
    ...:         filename='example.log',   # 指定輸出資料夾
    ...:         level=logging.INFO,       # 指定日誌級別
    ...:         format='%(asctime)s:%(levelname)s:%(message)s'
    ...: )
```

接下來讓我們練習匯出日誌。這邊可以使用能匯出五種日誌級別的方法，不過每次只會匯出比被指定的日誌標籤還重要的內容（範例中是 INFO）。

下方的範例是從 debug 開始，並將日誌級別重要度由低到高進行輸出。

```
In [43]: logging.debug('DEBUG 級別 ')

In [44]: logging.info('INFO 級別 ')

In [45]: logging.warning('WARING 級別 ')

In [46]: logging.error('ERROR 級別 ')

In [47]: logging.critical('CRITICAL 級別 ')
```

執行完成後，就會產生檔名為 example.log 的日誌檔案，並輸出如下所示 INFO 級別以上的日誌。

```
2022-05-02 18:46:18,025:INFO:INFO 級別
2022-05-02 18:46:30,540:WARNING:WARING 級別
2022-05-02 18:47:06,828:ERROR:ERROR 級別
2022-05-02 18:47:16,893:CRITICAL:CRITICAL 級別
```

● datetime 模組

datetime 是我們需要處理日期時的好幫手。

● datetime 模組

URL https://docs.python.org/ja/3/library/datetime.html

```
In [48]: from datetime import datetime, date

In [49]: datetime.now()  # 取得現在的日期時間
```

Out

```
Out[49]: datetime.datetime(2022, 5, 2, 19, 40, 16,    ➡
552544)
```

In

```
In [50]: date.today()    # 取得今天的日期時間
```

Out

```
Out[50]: datetime.date(2022, 5, 2)
```

In

```
In [51]: date.today() − date(2008, 12, 3)    # 計算 Python 3.0 ➡
發布至今已經幾天
```

Out

```
Out[51]: datetime.timedelta(days=4898)
```

In

```
In [52]: datetime.now().isoformat()    # 取得 ISO8601 格式的字串
```

Out

```
Out[52]: '2022−05−02T21:24:00.837759'
```

In

```
In [53]: date.today().strftime('%Y 年 %m 月 %d 日 ')    # 將日期轉換為字串
```

Out

```
Out[53]: '2022 年 05 月 02 日 '
```

In

```
In [54]: datetime.strptime('2022 年 05 月 02 日 ', '%Y 年 %m 月 %d 日 ')    ➡
# 將字串轉換為日期時間
```

```
Out[54]: datetime.datetime(2022, 5, 2, 0, 0)
```

● pickle 模組

pickle 模組能將 Python 的物件序列化（serialization）後讀寫檔案。

● **pickle 模組**

URL https://docs.python.org/ja/3/library/pickle.html

In

```
In [55]: import pickle

In [56]: d = {'today': date.today(),   # 定義字典資料
    ...:       'delta': date(2023, 1, 1) - date.today()}
    ...:

In [57]: d
```

Out

```
Out[57]: {'today': datetime.date(2023, 5, 2), 'delta': ➡
datetime.timedelta(days=244)}
```

In

```
In [58]: pickle.dumps(d)   # 確認完成序列化的資訊
```

Out

```
Out[58]: b'\x80\x04\x95N\x00\x00\x00\x00\x00\x00\x00}\ ➡
x94(\x8c\x05today\x94\x8c\x08datetime\x94\x8c\x04date\ ➡
x94\x93\x94C\x04\x07\xe6\x05\x02\x94\x85\x94R\x94\x8c\ ➡
x05delta\x94h\x02\x8c\ttimedelta\x94\x93\x94K\xf4K\x00K\ ➡
x00\x87\x94R\x94u.'
```

Python 與環境

```
In [59]: with open('date.pkl', 'wb') as f:   # 使用位元組寫入模式開啟檔案
    ...:        pickle.dump(d, f)  # 將檔案儲存為 Pickle 格式
    ...:

In [60]: with open('date.pkl', 'rb') as f:   # 使用位元組讀取模式開啟檔案
    ...:        new_d = pickle.load(f)  # 讀取 Pickle 格式的資料
    ...:

In [61]: new_d   # 確認與原本的資料（d）內容是否相同
```

```
Out[61]: {'today': datetime.date(2022, 5, 2),   ➡
'delta': datetime.timedelta(days=244)}
```

● pathlib 模組

需要在 Python 處理路徑時，可以使用 pathlib 模組。

● pathlib 模組

URL https://docs.python.org/ja/3/library/pathlib.html

```
In [62]: from pathlib import Path

In [63]: p = Path()   # 使用當前的目錄來產生 Path 物件

In [64]: p
```

```
Out[64]: PosixPath('.')
```

如果您的電腦是 Windows 的話，則會是 WindowsPath('.')。

接著我們依序讀取副檔名為「.txt」的檔案。

```
In [65]: for filepath in p.glob('*.txt'):  # 依序開啟 .txt 檔案並讀取
   ...:         data = filepath.read_text(encoding='utf-8')
   ...:

In [66]: p = Path('/spam')

In [67]: p / 'ham' / 'eggs.txt'  # 使用 / 運算子建立路徑
```

```
Out[67]: PosixPath('/spam/ham/eggs.txt')
```

```
In [68]: p = Path('date.pkl')

In [69]: p.exists()   # 檢查檔案是否存在
```

```
Out[69]: True
```

```
In [70]: p.is_dir()   # 檢查是否有在目錄下
```

```
Out[70]: False
```

其他還有很多方便的標準函式庫可以使用。如果有興趣的讀者，可以查看官方文件上所列舉的 Python 標準函式庫。

● **Python 標準函式庫**

URL https://docs.python.org/ja/3/library/index.html

下一節我們就要開始使用 JupyterLab 這個工具了，所以先讓我們輸入「quit()」來結束 iPython、並輸入「deactivate」來結束虛擬環境（env）吧！

2.3 **JupyterLab**

本節重點介紹在資料分析時,常用的對話型程式執行環境 JupyterLab。從安裝、基本用法、到提升效率的技巧,都會毫不保留地分享給各位。最後還會建立本書所使用的 Python 資料分析執行環境喔。

2.3.1 什麼是 JupyterLab

JupyterLab 是開源軟體,能做資料分析、視覺處理、機器學習,是應用範圍相當廣的工具,而且由於是以 Web 應用程式的型態提供使用,因此能直接在 Web 瀏覽器上執行程式、查看結果、建立文件。

JupyterLab 是新世代的 Web 基礎使用者介面,未來會取代 Jupyter Notebook。原本的名稱是 IPython Notebook,顧名思義就是把前一節所介紹的 IPython 放在 Web 瀏覽器上執行的工具。隨著它的應用範圍逐漸擴充,成為了 Jupyter Notebook 後,不只 Python,連 Julia、R 語言這些程式語言都能用了。

然後為了要讓使用者可以在更直覺的介面上來操作 Jupyter Notebook 的功能,重新改造了系統架構而成為了現在的 JupyterLab。而 Jupyter 這個名稱剛好就是結合了 Julia、Python、R 而來的。

JupyterLab 很常用在資料分析跟機器學習的領域,主要是因為可以直接將程式(如 Python)以及執行結果彙整到 Notebook 的文件(Markdown 語法)。另外,在顯示結果的時候也不單單只有字串方式,還能透過 pandas 的 DataFrame 來以易於判讀的表格呈現,甚至是運用視覺處理工具 Matplotlib 來轉換為圖形。

2.3.2 安裝 JupyterLab

跟先前介紹的其他第三方套件一樣,我們運用 venv 建立虛擬環境,並將虛擬環境命名為 pydataenv,接著使用 pip 指令安裝 JupyterLab 套件。

```
% python3 -m venv pydataenv
% source pydataenv/bin/activate
(pydataenv) % pip install jupyterlab==3.4.3
```

🔵 2.3.3　基本操作

安裝好 JupyterLab 之後，我們要從終端機來開啟 JupyterLab。

打開終端機、執行 jupyter lab 指令，JupyterLab 就會自動跳轉到瀏覽器頁面進行開啟。

```
(pydataenv) % jupyter lab
（中略）
[I 2022-06-11 12:01:34.333 LabApp] Build is up to date
```

預設會執行 8888 的埠號，因此會連結到 http://localhost:8888/lab 的 Web 瀏覽器。
如果想要變更埠號，可指定 --port 選項。

```
(pydataenv) % jupyter lab --port=8080    # 使用 8080 埠號來開啟
```

JupyterLab 畫面的配置有左邊的側邊欄、上方的選單，以及主要的工作區
（ 圖 2.2 ）。

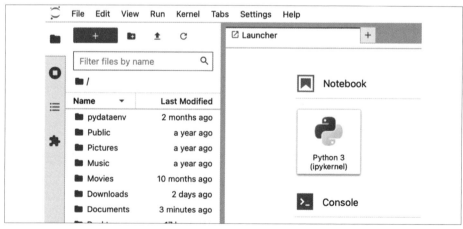

圖 2.2　JupyterLab 畫面

點擊工作區 Notebook 下方的 Python 3（ 圖 2.3 ），就會新建一個用來寫 Python 程式的畫面。這個畫面所顯示的內容就稱為 Notebook，程式跟圖形都會儲存在名稱為 Notebook 的檔案（副檔名為 .ipynb）。另外，如果安裝了 Julia 或是 R 語言等其他程式語言，就能建立 Julia 跟 R 語言的 Notebook。

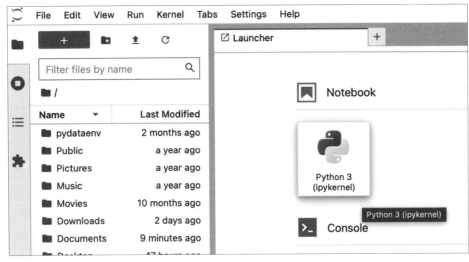

圖 2.3　建立新的 Notebook

建立了 Notebook 後，就會看到 圖 2.4 的畫面。此時 Notebook 的名稱會預設為 Untitled.ipynb。我們到左方的側邊欄選取檔案並按下 [F2] 來修改檔名。

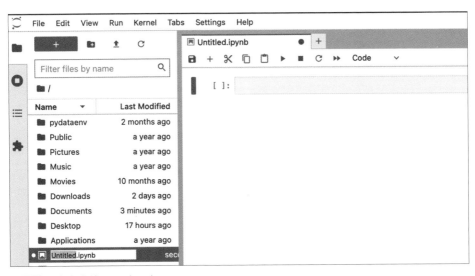

圖 2.4　未命名的 Notebook

Notebook 當中編寫 Python 程式碼的地方稱之為 Cell，要執行時可以按下 [Shift] + [Enter]。當我們執行了當前的 Cell 裡所寫的程式碼後，執行結果就會顯示在 Cell 下方。

從 圖 2.5 的 Notebook 可以看到在前面的章節所提到過的 Python 程式碼執行的內容。由於最上方的 Cell 格式會是 Markdown，因此像這樣將說明的文句跟程式碼、以及執行結果全部彙整在同一個 Notebook 當中，就是 JupyterLab 好用的地方。而且，由於在 Cell 裡寫 Python 程式碼時都是以 IPython 為基礎在進行的關係，因此可以直接使用前面提過的 [TAB] 鍵來補全功能、Magic 指令碼、Shell 指令碼。

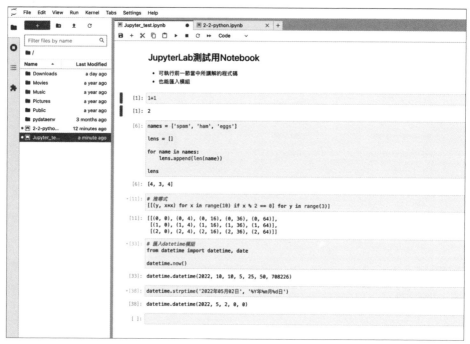

圖 2.5　Jupyter_test 的 Notebook

更方便的是當 Notebook 內容有所更動時會自動存檔。

本書基本上都會是以在 JupyterLab 上運行程式來進行講解。

🔷 2.3.4 提升效率的技巧

接下來讓我們看看如何來讓 JupyterLab 跟 Notebook 變得更好用，為我們貢獻更多的生產力吧。

JupyterLab 有著以 % 或是 %% 起始的 Magic 指令碼，當中最常用的是 %timeit 與 %%timeit，這兩個都是用來量測程式重複試行時會花多少時間的指令，前者是用來量測一行的程式碼、後者則是量測整個 Cell 的處理時間。

圖 2.6 的範例是量測生成從 0 到 9999 的平方值列表需要多少時間，我們看到使用 for 迴圈的程式碼在運行推導式的速度比較快。

```
[1]:  # 生成從0到9999的平方值列表 (串列推導式)
      # 迴圈數量：1000次 執行次數：10次
      %timeit -n 1000 -r 10 [x*x for x in range(10000)]

      281 µs ± 2.48 µs per loop (mean ± std. dev. of 10 runs, 1,000 loops each)

[8]:  %%timeit -n 1000 -r 10

      # 生成從0到9999的平方值列表 (for迴圈)
      # 迴圈數量：1000次 執行次數：10次
      ret = []
      for x in range(10000):
          ret.append(x*x)

      443 µs ± 5.71 µs per loop (mean ± std. dev. of 10 runs, 1,000 loops each)
```

圖 2.6 執行 Magic 指令碼

當我們在 Cell 輸入「!」、並指定 OS 指令，就能執行 Shell 指令。**圖 2.7** 是執行 pip 指令來取得安裝在 pydataenv 虛擬環境中的 Python 套件的總覽。

```
[8]: !pip list
     Package                  Version
     ------------------------ ----------
     anyio                    3.5.0
     appnope                  0.1.3
     argon2-cffi              21.3.0
     argon2-cffi-bindings     21.2.0
     asttokens                2.0.5
     attrs                    21.4.0
     Babel                    2.10.1
     backcall                 0.2.0
     beautifulsoup4           4.11.1
     bleach                   5.0.0
     certifi                  2021.10.8
     cffi                     1.15.0
     charset-normalizer       2.0.12
     cycler                   0.11.0
     debugpy                  1.6.0
     decorator                5.1.1
     defusedxml               0.7.1
     entrypoints              0.4
     et-xmlfile               1.1.0
     executing                0.8.3
     fastjsonschema           2.15.3
     fonttools                4.33.3
     idna                     3.3
     ipykernel                6.13.0
     ipython                  8.3.0
     ipython-genutils         0.2.0
     jedi                     0.18.1
     Jinja2                   3.1.2
     joblib                   1.1.0
     json5                    0.9.6
     jsonschema               4.4.0
     jupyter-client           7.3.0
     jupyter-core             4.10.0
     jupyter-server           1.17.0
     jupyterlab               3.3.4
     jupyterlab-pygments      0.2.2
     jupyterlab-server        2.13.0
```

圖 2.7 執行 Shell 指令碼

當我們想要存檔並匯出時，從 JupyterLab 的 File 選單點擊 Save and Export Notebook As...，就能將 Notebook 以 HTML、Markdown 等各種不同的格式進行下載（ 圖 2.8 ）。另外，如果有安裝 pandoc 與 LaTeX 的話，還能下載成 PDF 格式的檔案。

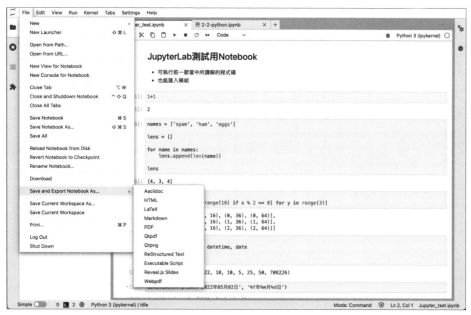

圖 2.8　JupyterLab 的 File 選單

當我們想從執行 JupyterLab 的檔案夾上傳檔案時，可以點擊左方側邊欄上方的 Upload Files（ 圖 2.9 ），如此一來就會顯示選擇要上傳檔案的視窗。

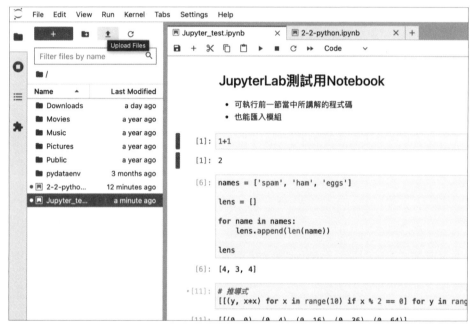

圖 2.9　JupyterLab 的 Upload Files 按鈕

當我們要結束使用 JupyterLab 時，可以點擊左上方 File 選單裡面的 Shut Down。

Notebook 檔案是 JSON 格式，要查看看程式碼和結果基本上需要運行 JupyterLab。但是，像 GitHub 等儲存庫服務已經有支援顯示 Notebook 檔案，因此即使沒有 JupyterLab 環境也可以查看（ 圖 2.10 ）。此外，雖然需要 JupyterLab 環境，但在文本編輯器 Visual Studio Code 中也可以編輯 Notebook 檔案。

圖 2.10　GitHub 上顯示 Notebook 檔案

最後我們來安裝後續進入第 4 章內容時所需要用到的工具，預先準備好必要的環境。

為了在操作的過程當中獲得與本書相同的執行結果，因此我們安裝時要固定版本。倘若有需要正式地執行資料分析的話，還是會建議使用最新版本。

```
(pydataenv) % pip install numpy==1.22.4
(pydataenv) % pip install scipy==1.8.1
(pydataenv) % pip install pandas==1.4.2
(pydataenv) % pip install matplotlib==3.5.2
(pydataenv) % pip install scikit-learn==1.1.1
```

此外，因為要用 pandas 來匯入、匯出資料，也要先安裝會用到的套件。

```
(pydataenv) % pip install openpyxl==3.0.10
(pydataenv) % pip install html5lib==1.1
```

現在我們準備好了環境，後面進入第 4 章、第 5 章執行程式碼時，請各位使用這個環境來進行操作。

基礎數學

本章講解基礎數學最大的用意是在於當我們看見公式時可以了解代表什麼意義，主要範圍不會超過大學初級的程度。數學是門歷史悠久的學科，為了能夠持續傳承下去，使用了許多簡化繁雜概念的符號，這雖然讓公式得以簡短且正確地傳達資訊，卻也讓不懂特殊數學符號為何物的大眾退避三舍。總之，先一起來學會如何讀懂公式吧。

3.1 讀懂公式的基礎知識

本節會介紹常用的數學符號。如果覺得較為吃力,可以想成是在認識代號跟簡稱,千萬別給自己太大壓力囉。

3.1.1 公式與符號

● 希臘字母

在數學符號跟公式當中,通常不會使用英文字母,而是希臘字母。如果看不懂就會因為符號而卡關,所以我們先來看看這些字母怎麼唸吧!之後隨時有需要都可以回到 表3.1 這裡來複習。

表3.1 希臘字母

大寫	小寫	讀音	大寫	小寫	讀音
A	α	Alpha	N	ν	Nu
B	β	Beta	Ξ	ξ	Xi
Γ	γ	Gamma	O	o	Omicron
Δ	δ	Delta	Π	π	Pi
E	ϵ	Epsilon	P	ρ	Rho
Z	ζ	Zeta	Σ	σ	Sigma
H	η	Eta	T	τ	Tau
Θ	θ	Theta	Υ	υ	Upsilon
I	ι	Iota	Φ	$\phi\,(\varphi)$	Phi
K	κ	Kappa	X	χ	Chi
Λ	λ	Lambda	Ψ	ψ	Psi
M	μ	Mu	Ω	ω	Omega

● 集合

數學最擅長將事物以抽象化的方式來呈現，不用考慮順序、單純將數值統整在一起，稱之為集合，且這正巧與 Python 的集合（set 函式）相同。當某個 x 元素屬於 S 集合時，會用下面的公式來表達。

$$x \in S \tag{3.1}$$

我們也可以在集合裡面使用大括號 {} 來寫下更詳細的內容。下面有 A、B 兩個集合：

$$A = \{1, 2, 3, 4\}$$
$$B = \{2, 4, 6, 8\} \tag{3.2}$$

比方說，8 包含在 B 集合，會寫成 $8 \in B$。或者也可以寫成 $8 \notin A$ 來表達 8 不在 A 集合當中的意思。

而當兩個集合有共同的內容時，可以如下表示：

$$A \cap B = \{2, 4\} \tag{3.3}$$

這稱為積集合。

另一方面，和集合則是彙整了所有的數值在內。

$$A \cup B = \{1, 2, 3, 4, 6, 8\} \tag{3.4}$$

完全沒有內容則稱為空集合。會以 $\emptyset$ 符號來表示。

● 數值的集合

如同使用 Python 程式時很常會用到列表一樣，數學上也經常處理有順序的數字組合。比方說，要表示 n 個數值的組合時，可以這樣寫：

$$x_1, \ldots, x_n \tag{3.5}$$

也可以寫成這樣：

$$x_i \ (i = 1, \ldots, n) \tag{3.6}$$

● 公式與編號

在描述當中要參照特定的公式時，加上編號會變得更加方便，許多數學書籍都會以「如公式（3.7）所示…」的寫法來描述。在下方的公式（3.7）是一個具有 $x = 0$ 和 $x = 1$ 為解的二次方程式。

$$x^2 - x = 0 \tag{3.7}$$

🔷 3.1.2 數學符號

Python 以及其他許多的程式語言都有代表迭代處理含義的 for 陳述式，而數學上也有專門用來表達迭代的符號。

● 加法迭代

從 x_1 到 x_n 的總和可以用以下的數學公式來計算：

$$\sum_{i=1}^{n} x_i \tag{3.8}$$

在公式（3.8）當中所使用的符號，是希臘字母裡大寫的 Sigma。將迴圈的起始值寫在下方、終止值寫在上方。這種寫法有時也會被省略。此外，程式中無法直接執行的無限加法，則可以用公式來表示。

$$\sum_{n=1}^{\infty} \frac{1}{4^n} = \frac{1}{3} \tag{3.9}$$

● 乘法迭代

跟加法一樣，乘法也有相對應的符號用來表示將多個數相乘的運算。將 x_1 到 x_n 的所有數相乘的結果可以用下面的公式表示：

$$\prod_{i=1}^{n} x_i \tag{3.10}$$

公式（3.10）所使用的符號，是希臘字母裡大寫的 $\prod$。迴圈的起始值、終止值則跟 $\sum$ 寫法相同。

● 特殊的常數

有一個直徑為 1 的圓，圓周長會是多少呢？正是眾所皆知的圓周率，3.1415…，在小數點後有著無限多位數的數值，數學上以符號 π 來表示圓周率。

另外一個常用的常數則是用 e 來表示的自然對數底數。這可能不像圓周率那樣地常見，但在以處理函式的微分跟積分為主的分析學領域，其實是非常重要的常數。e 的定義可以參照公式（3.11）。

$$e = \sum_{n=0}^{\infty} \frac{1}{n!} \tag{3.11}$$

$n!$ 被稱為 n 的階乘，它是從 1 到 n 的所有整數的乘積。比方說，$6! = 6 \times 5 \times 4 \times 3 \times 2 \times 1 = 720$。另外，$0!$ 則被定義為 1。e 的具體值是 $e = 2.71828\cdots$，也是一個小數點後有著無限多位數的數值。

● 數值的種類

自然數是用來計算數量時所使用的最基本的數字，1、2、3…繼續延續下去。自然數的整體集合用 N 表示，而 0 是否包含在自然數中取決於上下文，因此需要格外留意。如果向自然數添加 $-1 \times$ 自然數的乘積與 0，則可以得到所有整數的集合，這個集合用 $\mathbb{Z}$ 表示。將整數相除並將其添加到 $\mathbb{Z}$ 中、且分母不為 0，則可得到所有有理數的集合，這個集合用 $\mathbb{Q}$ 表示。如果要用小數表示不是整數的有理數，則看是要以有限位數來呈現、或者採用循環小數。有理數不包括像 π、e 和 $\sqrt{2}$ 等無理數。透過將這些數添加到有理數集合中，可以得到所有實數的集合，這個集合用 $\mathbb{R}$ 表示。像 x 軸和 y 軸這類簡單數學直線就是由實數集合所構成。虛數單位則是定義一個特殊的數 i，使得 $i^2 = -1$。當 $a, b \in \mathbb{R}$ 時，將 a 和 b 定義為 $c = a + bi$，則可得到所有複數的集合（$\mathbb{C}$）。

⬡ 3.1.3　函式

程式設計的函式跟數學的函式非常相似，它們都接收變數值、進行某些計算，然後回傳結果。

● 函式的寫法

函式通常用一個字母（如 f 或 g）來表示其名稱，並使用等號來定義函式。下面的函式 f 的引數是 x，結果會回傳該引數的平方加 1 的值[※1]。

$$f(x) = x^2 + 1 \tag{3.12}$$

函式名稱為 f，程式設計函式的引數為 x。也能在函式當中輸入不只一個值。

$$f(x, y) = x^2 - y^2 + 2 \tag{3.13}$$

● 稍微特殊的函式

函式有時候是透過多個公式來定義的。例如下方的函式 x 為 0 以上、1 以下的值時，會回傳 1，若不是則會回傳 0。

$$f(x) = \begin{cases} 0, & x > 1 \\ 1, & 0 \leq x \leq 1 \\ 0, & x < 0 \end{cases} \tag{3.14}$$

而公式（3.14）也可以寫成像是下面的公式（3.15）：

$$f(x) = \begin{cases} 1, & 0 \leq x \leq 1 \\ 0, & \text{其他} \end{cases} \tag{3.15}$$

這裡的「其他」意指除了既有條件之外的其他條件，用英文來寫的話則是「otherwise」，書寫的時候相對來說比較自由些。

● 指數函數

當函式的輸入被表示為另一個數字的冪時，這種函式被稱為指數函數，例如像是 $f(x) = 2^x$ 在這函式中的 2 為底數，代表著要將 2 乘上幾次方。當底數大於 1，x 越大則函式值也越大。底數可以是任意實數，不一定要整數。在後續講解函式微分的章節裡，將會介紹以自然數為底數的函式。當以自然數為底數，橫軸為 x、縱軸為函式值 $f(x)$ 時，則 $f(x) = e^x$ 的圖形如同 圖 3.1 所示。如果底數大於 1，圖形形狀基本上是相同的。比較特別的是當 $x = 0$ 時，不論底數的值是多少，函式值永遠是 1。當 x 越大時，函式值會快速變大；當 x 越小時，函式值則會趨近於 0。

※1 基於本書是程式設計語言的書，所以在講解函式時使用了引數、回傳值的寫法，但請注意這並不是數學上的表達方式。數學中的函式是指決定變數 x 所相對應的函式值 $f(x)$。

基礎數學

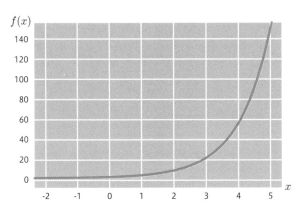

為了便於各位讀者快速意會前述的內容，我們將圖形的橫軸和縱軸比例稍微做調整。

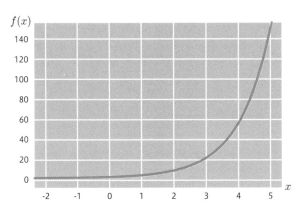

圖 3.1 指數函數 $f(x) = e^x$

Sigmoid 函式是運用了指數函數的函式，經常使用在深度學習基本技術之一的神經網路中。函式如公式（3.16）所示，圖形則是 **圖 3.2** 。

$$f(x) = \frac{1}{1 + e^{-x}} \tag{3.16}$$

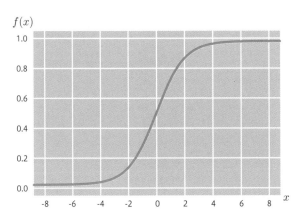

圖 3.2 Sigmoid 函式

隨著 x 值越大，e^x 將無限趨近於 0，致使 Sigmoid 函式的值將會趨近於 1。反之，當 x 越小，e^x 次方的值會變得非常大，導致將 1 除以一個非常大的數字，造成函式值將趨近於 0。

● 對數函數

接著我們來看對數函數。

$$f(x) = \log_2 x \tag{3.17}$$

在上方的公式中，$f(8) = 3$。這是問「2 的幾次方會變成函式輸入值 8？」，答案為 3，而這就是對數函數的輸出。這個例子也跟指數函數一樣，我們將 2 稱為底數。換句話說，對數函數輸出的是輸入值相當於底數的多少次方。並且特別將當底數為自然數時的對數函數稱為自然對數，有時會寫成 ln、或省略不寫底數的 e。

$$f(x) = \log_e x = \ln x \tag{3.18}$$

另外，當底數為 10 時稱為常用對數，沒有特殊的符號，通常寫作 $\log_{10} x$，有時則會省略底數 10[※2]。

當底數為 10 時，輸出相當直觀易懂，因為輸出值相當於輸入值的位數。在常用對數輸入 100 時，因為 100 是 10 的 2 次方，因此傳回的對數的值就是 2。輸入 1000 就會得到 3。可以看到當位數改變時，數字就會增加 1。如果輸入大於 100 但小於 1000 的值，就會得到一個比 2 大但比 3 小的數字。

對數函數（自然對數）的圖形如 圖 3.3 所示。該函式的值僅在正數的範圍中才能定義，$f(1) = 0$。

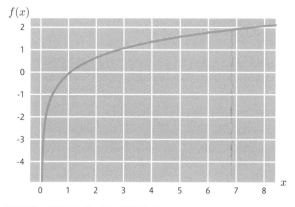

圖 3.3　對數函數（自然對數）

※2　當省略底數時，需要留意底數是 10 還是 e。本書中只寫 log 的時候，都是省略 e。

● 三角函數

當我們沿著角度為 θ 坡道往前移動距離 1 時，在水平方向和垂直方向會是移動多少呢？這似乎會因角度的大小而有所不同。以角度大小為輸入的函數，就是三角函數。在水平方向往前移動 $\cos\theta$ 的距離時，在垂直方向則會向上移動 $\sin\theta$ 的距離。從 圖 3.4 可以看到，當角度 θ 增大時、$\sin\theta$ 也會隨之變大，在坡道上移動相同的距離時可以攀爬到更高的位置。當 θ 較小時，就無法登高，且 $\cos\theta$ 增大的關係導致水平方向的移動距離也變長。

sin 唸作「sine」，稱為正弦；cos 唸作「co-sine」，叫做「餘弦」。

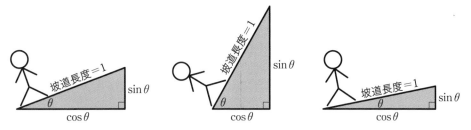

圖 3.4 三角函數的含義

一般來說，角度會是從 0 度到 360 度為一圈，但在三角函數當中所使用的度量單位是弧度制。弧度制是將 0 度到 360 度對應到 0 到 2π 之間，相當於半徑為 1 的圓周長度。弧度制的單位是弧度（radian）。

當角度 θ 變大時、坡度會變陡，而當角度變小時，坡度會平緩。此時會使用 tan 這個函數來表示坡度，並使用 sin 和 cos 來定義如下：

$$\tan\theta = \frac{\sin\theta}{\cos\theta} \tag{3.19}$$

tan 唸作 tangent，平常使用簡寫，稱為正切。

順帶一提，當高度為 h 時，可以用公式（3.20）來表示：

$$h = \sin\theta \tag{3.20}$$

至於如果想知道要向上移動 h，這時角度該是多少的情況，可以用以下的反三角函數來表示。

$$\theta = \sin^{-1} h$$
$$\theta = \arcsin h \tag{3.21}$$

公式（3.21）中的兩個公式代表的意思相同，且都能針對變量 h 來對應多個 θ，因此若要將其定義成函式，需要決定 θ 的範圍。arcsin 是反正弦。

● 雙曲函式

另一個使用指數函數進行定義的函式，是雙曲函式。

$$
\begin{aligned}
\sinh x &= \frac{e^x - e^{-x}}{2} \\
\cosh x &= \frac{e^x + e^{-x}}{2}
\end{aligned}
\tag{3.22}
$$

sinh 是雙曲正弦函式（hyperbolic sine），而 cosh 是雙曲餘弦函式（hyperbolic cosine）。同樣地，tan 也可以用來定義 tanh。

$$
\tanh x = \frac{\sinh x}{\cosh x}
\tag{3.23}
$$

cosh 的圖形稱之為懸鏈線（Catenary curve），就像是握持繩索兩端時繩索本身呈現的曲線的模樣。

3.2 線性代數

線性代數以向量與矩陣的運算為核心，其理論在集群分析跟降維等演算法中佔有一席之地，應用領域相當廣泛。

3.2.1 向量與運算

● 向量

將棋的棋盤是有著 9 行 ×9 列、共 81 格的方格陣。要在棋盤上走到指定位置時，可以透過像是「4 七飛車」這樣將橫向與縱向的數值湊成對來表達。將好幾個數字拼湊在一起、使其具備意義的做法有很多，而這架構也無疑提升了數學的表達能力。

向量就是在圓括號中放入數字來呈現的產物，並以元素或成分來稱呼當中所放入的數字。

$$(4, 7) \tag{3.24}$$

公式（3.24）裡有兩個元素，是二維向量，其所具備的方向與長度可以透過箭號來表達。二維向量可以在平面上以 圖 3.5 的方式來描繪。

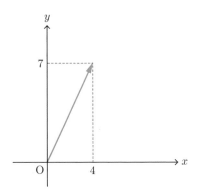

圖 3.5 用箭號來表示向量

圖中的向量座標以（0，0）為原點，而終點位在（4，7）的箭號端點。像這樣起始座標為原點的向量，稱為位置向量。向量只要方向跟長度維持一樣即可，並非一定只能從原點出發。另外，在表示向量時，有時候也會將數字以縱向的寫法來呈現。

$$\begin{pmatrix} 4 \\ 7 \end{pmatrix} \tag{3.25}$$

至於橫著寫、縱著寫有什麼樣的區別，稍後會在說明矩陣的環節時一併提及。

當有 n 個數字，就會形成 n 維的向量。當不使用實際數字、想運用文字來表達向量時，會在文字上方加上箭號、或者使用粗體來表示。

$$\vec{x} = \boldsymbol{x} = \begin{pmatrix} x_1 \\ x_2 \\ \vdots \\ x_n \end{pmatrix} \tag{3.26}$$

假設 n 維向量中的各個元素都是實數，n 個實數的所有組合就會形成一個 n 維空間。由於實數整體的集合會以 $\mathbb{R}$ 來表示，n 個實數組合的整體會寫為 $\mathbb{R}^n$。當 $\boldsymbol{x} \in \mathbb{R}^n$ 時，則可知 $\boldsymbol{x}$ 為 n 維度向量。

● 向量的運算

向量的加法是將元素們彼此相互加總。也就是說我們只能計算處於相同維度的向量們。以下範例假設 $\boldsymbol{y} \in \mathbb{R}^n$。

$$\boldsymbol{x} + \boldsymbol{y} = \begin{pmatrix} x_1 + y_1 \\ x_2 + y_2 \\ \vdots \\ x_n + y_n \end{pmatrix} \tag{3.27}$$

為了更易於理解，我們將其放到二維平面上進行思考，算出來的向量會成為 $\boldsymbol{x}$ 與 $\boldsymbol{y}$ 所形成的平行四邊形的對角線、且起始點為原點（ 圖3.6 ）。從（0，0）開始依循著 $\boldsymbol{x}$，走到（x_1，x_2），接著循著 $\boldsymbol{y}$ 前進，最終抵達（$x_1 + y_1$，$x_2 + y_2$）。

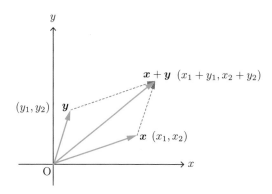

圖 3.6 向量的加法

相較於向量，我們會將單純的數值稱為純量（Scalar），向量與純量可以相乘，計算方法是將純量當作倍數，用向量的每個元素乘上純量。

$$a\boldsymbol{x} = \begin{pmatrix} ax_1 \\ ax_2 \\ \vdots \\ ax_n \end{pmatrix} \tag{3.28}$$

當乘上 –1 時，所有元素的絕對值都維持原狀，只有符號改變。使用箭號來表示向量時，起始點都相同，只是箭號的方向正好相反。

向量的減法跟加法的計算原則相同，就是將各個元素進行減法。

$$\boldsymbol{x} - \boldsymbol{y} = \begin{pmatrix} x_1 - y_1 \\ x_2 - y_2 \\ \vdots \\ x_n - y_n \end{pmatrix} \tag{3.29}$$

以二維向量為例，**圖 3.7** 中標示了向量的箭號。減法可以想成是加上 $-\boldsymbol{y}$，所以是從（0, 0）出發沿著 $\boldsymbol{x}$ 走到（x_1, x_2），接著循著 $-\boldsymbol{y}$ 方向（灰色虛線）前進。而由於平移後的向量仍然相同，因此可如 **圖 3.7** 當中將起始點位於 $\boldsymbol{x} - \boldsymbol{y}$ 的向量，從（y_1, y_2）沿著箭號（藍色虛線）移動到（x_1, x_2）。

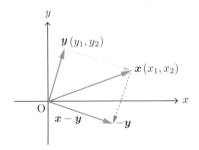

圖 3.7　向量的減法

● 範數

以純量來表達向量的大小時，稱之為範數（Norm），在英文當中的意思是「標準、基準」的意思。

由於向量是藉由匯集多個數值而成，當我們要用單一數值來表示向量時，就可能會有很多的方式。而最常見的方式就是將向量當中的每個元素乘上平方後加總，再取其平方根的值。此時特有的符號寫法是會在向量的左右兩側各劃上兩條直線。

$$\|\boldsymbol{x}\| = \sqrt{x_1^2 + x_2^2 + \cdots + x_n^2} \qquad (3.30)$$

如果 $\boldsymbol{x}$ 為位置向量，那麼這個值可以被視為是從原點到向量終點的直線距離，這稱之為歐幾里德距離（Euclidean distance）。一般來說，兩點之間（$\boldsymbol{x}$ 與 $\boldsymbol{y}$）的距離會透過計算兩個向量的差值來得出，並將該值視為範數。倘若向量 $\boldsymbol{y}$ 的元素全都是 0，$\boldsymbol{x}$ 與 $\boldsymbol{y}$ 的差值就會等於 $\boldsymbol{x}$。範數在概念上相當類似距離，應無須再多費篇幅。不過，範數還有其他的算法，像是將向量裡的所有元素都加上絕對值後再行加總。

$$\|\boldsymbol{x}\|_1 = |x_1| + |x_2| + \cdots + |x_n| \qquad (3.31)$$

歐幾里德距離雖是直線距離，但精確來說是範數沿著座標軸前進、直到抵達目的地的概念。如同我們在市區行走，基本上不太可能走直線距離直達目的地的大樓，而是會沿著街道來前進一樣，所以這也被稱為曼哈頓距離（Manhattan distance）[3]。

※3　曼哈頓的街區規劃跟京都的中心地區一樣，道路都呈現方格狀的排列，而這樣的稱呼就是根據道路為方格狀排列的意象而來，因此也被稱為城市街區距離（City block distance）。

在公式（3.31）中加了個 1 是為了區分歐幾里德距離，然而當我們將歐幾里德距離寫為 $\|\boldsymbol{x}\|_2$ 時，則稱為 L^2 範數，如此一來曼哈頓距離就是 L^1 範數，進一步寫成更為通用的形式、定義為 L^p 範數，則稱為明可夫斯基距離。

$$\|\boldsymbol{x}\|_p = (|x_1|^p + |x_2|^p + \cdots + |x_n|^p)^{\frac{1}{p}} \tag{3.32}$$

● 內積

兩個向量之間有內積和外積兩種乘法。向量的內積使用一個「點」來作為運算符號，計算結果是一個純量，它是將向量中元素的乘積全部相加得到的結果。由於結果是一個純量，因此它也被稱為純量積。

$$\boldsymbol{x} \cdot \boldsymbol{y} = \sum_{i=1}^{n} x_i y_i = x_1 y_1 + x_2 y_2 + \cdots + x_n y_n \tag{3.33}$$

用內積除以兩個向量的 L^2 範數，會得到兩個向量之間的夾角的餘弦值（cos）。

$$\cos \theta = \frac{\boldsymbol{x} \cdot \boldsymbol{y}}{\|\boldsymbol{x}\|\|\boldsymbol{y}\|} \tag{3.34}$$

除了內積之外，還有叫做外積的乘法運算，可以用兩個向量來創造新的向量。細節就不多贅述，有興趣的讀者可以查閱相關參考文獻。

3.2.2 矩陣與運算

● 矩陣

向量是在單一方向上排列的數字，而能在直向和橫向上同時拓展兩個方向並排列數字的結構，稱為矩陣（matrix）。公式（3.35）是一個 2 列 3 行的矩陣，後續會以 2×3 矩陣的方式來表達。

$$A = \begin{pmatrix} 11 & 12 & 13 \\ 21 & 22 & 23 \end{pmatrix} \tag{3.35}$$

依照行列的順序來指定位置。A 矩陣的第 2 列第 1 行的元素是 21。矩陣的元素使用兩個下標字來寫，例如 a_{ij}。遇到需要寫出較大的矩陣時，中間的元素可以省略。以下是一個 $m{\times}n$ 的矩陣範例。

$$A = \begin{pmatrix} a_{11} & a_{12} & \dots & a_{1n} \\ a_{21} & a_{22} & \dots & a_{2n} \\ \vdots & \vdots & \ddots & \vdots \\ a_{m1} & a_{m2} & \dots & a_{mn} \end{pmatrix} \tag{3.36}$$

行與列的大小相同的矩陣特別稱為方塊矩陣。方塊矩陣中，從左上到右下的對角線上的元素（對角線元素）全部為 1、其餘元素為 0 時，稱為單位矩陣。有時會用符號 I 等來表示。

$$I_n = \begin{pmatrix} 1 & 0 & \dots & 0 \\ 0 & 1 & \dots & 0 \\ \vdots & \vdots & \ddots & \vdots \\ 0 & 0 & \dots & 1 \end{pmatrix} \tag{3.37}$$

我們也可以將向量看作是只有一行或一列的矩陣。數字橫向排列的 $1 \times n$ 矩陣稱為列向量（水平向量），數字縱向排列的 $m \times 1$ 矩陣稱為行向量（垂直向量）。而對調矩陣當中的行與列的動作稱為轉置，能使 $m \times n$ 矩陣變成 $n \times m$ 矩陣。應用在向量時則能使行向量轉置為列向量，反之亦然。

● 矩陣的運算

如同向量一樣，我們可以透過元素彼此之間進行加法跟減法，來定義矩陣的加法與減法。當然，兩個矩陣的行數、列數需要相同才能進行運算。

$$A - B = \begin{pmatrix} a_{11} - b_{11} & a_{12} - b_{12} & \dots & a_{1n} - b_{1n} \\ a_{21} - b_{21} & a_{22} - b_{22} & \dots & a_{2n} - b_{2n} \\ \vdots & \vdots & \ddots & \vdots \\ a_{m1} - b_{m1} & a_{m2} - b_{m2} & \dots & a_{mn} - b_{mn} \end{pmatrix} \tag{3.38}$$

如果矩陣的列數與向量的大小相同，那麼就能定義乘法。結果會是一個大小與原始矩陣行數、列數都相同的向量。

$$\begin{aligned} A\boldsymbol{x} &= \begin{pmatrix} a_{11} & a_{12} & \dots & a_{1n} \\ a_{21} & a_{22} & \dots & a_{2n} \\ \vdots & \vdots & \ddots & \vdots \\ a_{m1} & a_{m2} & \dots & a_{mn} \end{pmatrix} \begin{pmatrix} x_1 \\ x_2 \\ \vdots \\ x_n \end{pmatrix} \\ &= \begin{pmatrix} a_{11}x_1 + a_{12}x_2 + \dots + a_{1n}x_n \\ a_{21}x_1 + a_{22}x_2 + \dots + a_{2n}x_n \\ \vdots \\ a_{m1}x_1 + a_{m2}x_2 + \dots + a_{mn}x_n \end{pmatrix} \end{aligned}$$

$$= \begin{pmatrix} \sum_{i=1}^{n} a_{1i}x_i \\ \sum_{i=1}^{n} a_{2i}x_i \\ \vdots \\ \sum_{i=1}^{n} a_{mi}x_i \end{pmatrix} \tag{3.39}$$

稍微有點複雜，所以下面透過二次的方塊矩陣跟向量相乘來作為案例說明。

$$\begin{pmatrix} 1 & 2 \\ 3 & 4 \end{pmatrix} \begin{pmatrix} 5 \\ 6 \end{pmatrix} = \begin{pmatrix} 1 \times 5 + 2 \times 6 \\ 3 \times 5 + 4 \times 6 \end{pmatrix} = \begin{pmatrix} 17 \\ 39 \end{pmatrix} \tag{3.40}$$

● 矩陣的乘法

知道怎麼進行矩陣與向量的乘法後，就能定義矩陣當中的元素們的乘法了。元素們彼此相乘，依然會是矩陣的樣貌。下述的例子就帶入實際數字來看看兩個 2×2 方塊矩陣相乘的情況吧。

$$\begin{pmatrix} 1 & 2 \\ 3 & 4 \end{pmatrix} \begin{pmatrix} 5 & 7 \\ 6 & 8 \end{pmatrix} = \begin{pmatrix} 1 \times 5 + 2 \times 6 & 1 \times 7 + 2 \times 8 \\ 3 \times 5 + 4 \times 6 & 3 \times 7 + 4 \times 8 \end{pmatrix} = \begin{pmatrix} 17 & 23 \\ 39 & 53 \end{pmatrix} \tag{3.41}$$

數字在相乘的時候可以對調順序、且不影響乘法的結果，但是在矩陣的乘法當中要是元素順序有所調動，就會導致算出來的結果可能不一樣。如果行有餘力，可以嘗試算看看不同的順序會有什麼情況。不過，方塊矩陣在與單位矩陣相乘時，由於計算結果就是原本的矩陣，因此可以對調順序。

當方塊矩陣們彼此相乘時，答案會是大小相同的矩陣。一般來說，使用 $m \times s$ 的矩陣乘上 $s \times n$ 的矩陣，會變成 $m \times n$ 的矩陣。其情況如下所示。

$$\begin{aligned} AB &= \begin{pmatrix} a_{11} & a_{12} & \dots & a_{1s} \\ a_{21} & a_{22} & \dots & a_{2s} \\ \vdots & \vdots & \ddots & \vdots \\ a_{m1} & a_{m2} & \dots & a_{ms} \end{pmatrix} \begin{pmatrix} b_{11} & b_{12} & \dots & b_{1n} \\ b_{21} & b_{22} & \dots & b_{2n} \\ \vdots & \vdots & \ddots & \vdots \\ b_{s1} & b_{s2} & \dots & b_{sn} \end{pmatrix} \\ &= \begin{pmatrix} \sum_{i=1}^{s} a_{1i}b_{i1} & \sum_{i=1}^{s} a_{1i}b_{i2} & \cdots & \sum_{i=1}^{s} a_{1i}b_{in} \\ \sum_{i=1}^{s} a_{2i}b_{i1} & \sum_{i=1}^{s} a_{2i}b_{i2} & \cdots & \sum_{i=1}^{s} a_{2i}b_{in} \\ \vdots & \vdots & \ddots & \vdots \\ \sum_{i=1}^{s} a_{mi}b_{i1} & \sum_{i=1}^{s} a_{mi}b_{i2} & \cdots & \sum_{i=1}^{s} a_{mi}b_{in} \end{pmatrix} \end{aligned} \tag{3.42}$$

可以看到公式（3.42）當中最右邊的計算結果裡的每一行、每一列的純量值，都是矩陣 A 的第一列與矩陣 B 的第一行的內積。也就是說，矩陣的乘法就是將身為被乘數的矩陣（A）視為列向量的集合、將身為乘數的矩陣（B）視為行向量的集合，去計算它們的內積。

● 矩陣分解

前面有提到當 $m×s$ 矩陣乘上 $s×n$ 矩陣時，會變成 $m×n$ 矩陣。反之，也可以將 $m×n$ 矩陣分解為 $m×s$ 矩陣跟 $s×n$ 矩陣（圖 3.8）。分解兩個矩陣的乘法結果，即便無法得出與原本一模一樣的矩陣，但只要能獲得兩個近似乎原先的矩陣，這在資料分析與機器學習上就已經相當有意義了。

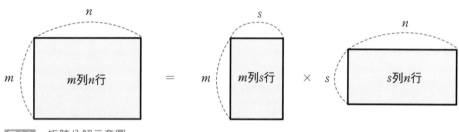

圖 3.8   矩陣分解示意圖

將原本的矩陣視為擁有 m 個樣本、n 個解釋變數（P.008）的資料，當 $s = 2$ 時，m 列 2 行的矩陣跟 2 列 n 行的矩陣相乘，就能得到分解前的 m 列 n 行的矩陣。由於 m 是樣本數量，所以從 m 列 2 行的矩陣可以看到所有樣本都是存在於二維空間裡的點位。當 n 為 4 以上時，雖然還無法將樣本們以視覺處理方式呈現，但如果將其分解後並運用 m 列 2 行的矩陣，就可以在二維空間對樣本進行視覺處理。

主成分分析使用名為奇異值分解的計算方式來分解矩陣，透過降低樣本的維度來以視覺化的方式呈現資料。奇異值分解是利用線性代數理論所發展而來的數學分支，屬現代資料科學當中相當典型的應用。近年來機器學習能在世人面前顯著成長，背後不乏有著如 圖 3.8 的非負矩陣分解（NMF：non-negative matrix factorization，元素為非負值）等新方法的支持。

3.3 基礎分析

> 機器學習理論最終都會來到函式最佳化，普遍來說會使用以微分為基礎的方法論去探究最佳解。接著就讓我們來了解基本理論吧。

◉ 3.3.1 微分與積分的意義

函式的微分與積分是分析學的主要內容，且與物理定律密不可分，是支撐現代社會科學技術所不可或缺的基石。話雖如此，太複雜而難以理解也是不爭的事實。接下來就從積分開始，讓我們一探積分與微分的含義。不必覺得因為有點難而停留太久，只要大致掌握概念就可以繼續往後面的章節讀下去囉。

● 積分是面積

表達一條直線時，$y = x$ 是最單純的函式，也可以想成是把 f 作為 x 的函式，使 $f(x) = x$，畫出 $y = f(x)$ 的圖形也行。在 x 軸上取一點 $(a, 0)$ 並延伸與 y 軸的平行線，可從 圖3.9 中看到形成了一個面積。

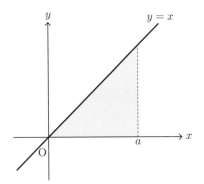

圖3.9 函式 $y = x$ 與 x 軸所圍成的面積[4]

※4 此時的面積有點特殊。當這情況發生在 x 軸的下方時，面積會變成負值。

由於這個區域為直角三角形，假如 a 為 4，面積是 $4 \times 4 \times \frac{1}{2} = 8$。隨著 x 軸上的點的位置改變，面積也會不同，所以座標為 a 時，表示面積的函式 F 就會寫成如下。

$$F(a) = \frac{1}{2}a^2 \tag{3.43}$$

相同地，我們可以使用積分符號（$\int$）來表達。積分符號（$\int$）的唸法是 integral。

$$F(a) = \int_0^a x \, dx = \frac{1}{2}a^2 \tag{3.44}$$

$\int$（integral）下方寫的小字是積分下界、上方則是積分上界。當積分的區間為固定時，特別將其稱之為**定積分**。dx 就是用 x 進行積分的符號。

積分符號裡的函式當中，最先被想到的就是 $f(x) = x$。使用從 0 到 a 的範圍來求這個函式的積分，就等同於求出以直線 $y = x$、x 軸、以及直線 $x = a$ 三者所圍繞的範圍面積。這就是積分。

● 微分是斜率

將稍早完成積分的函式 $F(a) = \frac{1}{2}a^2$ 描繪成圖形，並在 a 軸上取一座標為 x 的點。從該點加上 h 之後獲得新的點，並有一條直線通過這兩個點（ 圖 3.10 ）。

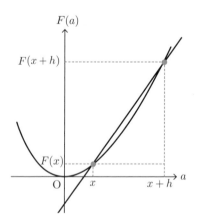

圖 3.10 　兩個點之間的變化率

實際要來計算這條直線的斜率時，能以下方的算式來表達。

$$\frac{\frac{1}{2}(x+h)^2 - \frac{1}{2}x^2}{x+h-x} = \frac{\frac{1}{2}h^2+xh}{h} = \frac{1}{2}h+x \tag{3.45}$$

一開始有點繁瑣，不過算出來的結果倒是蠻簡潔的。

倘若 h 無限地趨近於 0 時，會發生什麼事呢？這時候的直線就不會是通過兩個點的直線，而是變成經過了一開始的 x 點跟函式的切線，這就是切線的斜率。雖說使 h 趨近於零，但實際上並不會真的完全等同於將 0 代入 h，因此注重細節的寫法會是寫成幾乎等於（nearly equal）符號（≃），所以繼續計算下去，就會變成下面的算式。

$$\frac{1}{2}h+x \simeq x \tag{3.46}$$

切線的斜率會因為位置而不同。而我們現在知道斜率為 x，是因為 $F(x)$ 切線的斜率是 $f(x) = x$，變回到了積分前的函式。所以，當我們嘗試求出某個函式的切線斜率，就會得到跟積分前的函式一樣的結果，這就是微分的計算。

微分與積分是一體兩面。將函式 $F(x)$ 微分變成 $f(x)$ 時，會將 F 稱之為 f 的原函式，而 f 則是 F 的導函式。

$F(x)$ 的微分寫成：

$$F'(x) \tag{3.47}$$

函式也有可能被寫成 $y = x$，此時則可以像下面這樣來表達導函式。

$$\frac{dy}{dx} \tag{3.48}$$

🔷 3.3.2　簡單的函式的微分與積分

我們用直線 $y = 2$ 來練習看看，圖形畫出來會是 圖 3.11 的樣貌，是一條與 x 軸平行的直線。

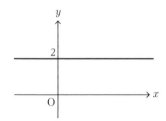

圖 3.11 $y = 2$ 的圖形

無論 x 怎麼變動，這條直線的值都不會產生變化。因此，當我們使用 x 對這個函式微分時就會變成 0。這在所有的常數上都是成立的，於是我們假設 C 為某個常數，則可將函式 $y = C$ 以下方的公式表達。

$$\frac{dy}{dx} = 0 \tag{3.49}$$

接著來看多項式的函式。n 為整數，C 為某個常數。

$$f(x) = x^n + C \tag{3.50}$$

我們對這個函式進行微分，得出下列算式。

$$f'(x) = nx^{n-1} \tag{3.51}$$

因此得證當針對 $f(x) = \frac{1}{2}x^2$ 進行微分之後，就會變成 $f'(x) = x$。

而由於積分跟微分正好相反，於是下列公式得以成立。

$$\int x^n dx = \frac{1}{n+1}x^{(n+1)} + C \quad (n \neq -1) \tag{3.52}$$

將右邊微分的話，就可以確認是否與左邊的 $\int$（integral）當中的函式相等。

像這種區間不固定的積分，稱為不定積分。雖然 C 有著積分常數的稱呼，但由於對常數微分就會得到 0，因此在不定積分當中算是附帶的產物。當右邊的分母為 0、$n = -1$ 時的情況，會在公式（3.55）跟各位介紹。

● 各種函式的微分與積分

眾所皆知，$f(x) = e^x$ 微分之後，形狀不會產生任何變化。這只在底數為 e 時才成立，而這也是以自然數為底數的指數函式之所以在分析學當中佔有重要一席之地的原因。而執行積分之後雖然形狀一樣沒有變化，不過會因此獲得積分常數。

三角函數的微分稍微有點繁瑣，主要是以下述的公式來表達關係。

$$(\sin x)' = \cos x$$
$$(\cos x)' = -\sin x$$

(3.53)

使用 x 對自然對數微分後，就會變成下方的公式。不過這只有在原本的對數函數的定義當中，當 $x > 0$ 的區間才會成立。

$$(\log x)' = \frac{1}{x}$$

(3.54)

方才也有提過，積分與微分互為一體兩面。運用這點來逆向思考，就可以寫出 $\frac{1}{x}$ 的積分的公式。

$$\int \frac{1}{x} dx = \log|x| + C$$

(3.55)

需注意到右邊的 x 是有絕對值的。

🔷 3.3.3　微分與函式的值

接著看比較單純的二次函式 $y = \frac{1}{2}x^2$，跟 A、B 兩點的關係（ **圖 3.12** ）。

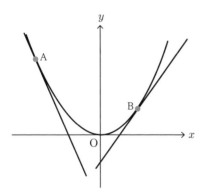

圖 3.12　微分係數與函式的增減

當我們對這個函式微分後，就會變成 $\frac{dy}{dx} = x$，A 點的切線斜率為負值，而 B 點的斜率為正值。在導函式當中帶入具體 x 值所得出的值，稱為導數。當導數為負值時，x 越大則函式越小；反之當導數為正值時，x 越大則函式值也越大。

這裡舉的例子是比較單純的函式，可能較難體會有什麼樣的效果，然而當實際遇到需要處理非常複雜的函式時，透過計算導數來找出函式的增減的趨勢，就會有很大的幫助。大部分的機器學習演算法，都會在演算法內部對複雜的目標函式執行最佳化。所謂最佳化是指嘗試求出函式的最小值、或者至少求出局部最小值這種追求極小值的計算。反之，當需要求最大值時，則將函式乘上 –1 進行運算即可。現實面當中所會遇到的問題，需要被最佳化的通常都是極為複雜的函式，幾乎不存在 圖 3.12 裡那種一眼就能看出最小值位於何處的二次函式的情境。而找尋函式最小值的計算，就是在持續對函式進行微分的過程中，找出該往哪個方向繼續前進下去。為了要讓需要最佳化的機器學習演算法最終得以派上用場，微分可以說是在數學理論當中最強而有力的工具！

🔷 3.3.4　偏微分

到剛剛為止所講解的都是只有一個變數的函式，接下來要跟各位介紹的是擁有兩個以上的多變數函式。例如下面這個函式：

$$f(x,y) = \sin x \, \cos y \tag{3.56}$$

配合 x、y 的值，在 z 軸上描繪出函式值，會形成下圖的圖形（ 圖 3.13 ）。

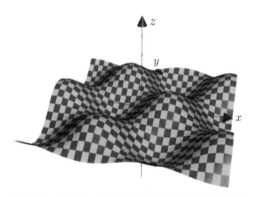

圖 3.13　將公式（3.56）以視覺處理呈現的範例（Z 軸為函式值）

多變數函式也可以微分。首先，我們得要先鎖定一個變數，來進行函式的微分。公式（3.57）就是先針對函式 f 當中去鎖定 x 來進行微分的算式。

$$\frac{\partial f}{\partial x} = \cos x \ \cos y \tag{3.57}$$

這樣的計算稱之為偏微分。實際上在計算時，就將恆定的變數視為常數即可，微分 $\sin x$、就得到了 $\cos x$。另外，也能在函式上以小字的方式來表達。下面的公式（3.58）就是用 y 去將 $f(x, y)$ 偏微分之後的結果。

$$f_y = -\sin x \ \sin y \tag{3.58}$$

偏微分時除了作為導數的變數之外、其他都當作是恆定變數來計算，所以在使用 x 來針對多變數函式執行偏微分時，就可以想成是跟只有一個變數的時候相同的計算。當 x 的大小有變化時，函式值也會隨之產生相對應的變化。在現實當中遇到有任務需要求出函式的最小值時，會搭配多變數的偏微分的資訊來找出應該前進的方向。

3.4 機率與統計

為了要彙整充斥在世界上的資料，或是從手上僅有的資料去預測未來、以致盡可能地減少不確定性所帶來的風險，理解並運用機率與統計的理論絕對是重中之重。

3.4.1 統計的基礎

在這個資訊爆炸的現代社會當中，我們身處的環境當中充斥著許多資料，因此稍做整理讓資料變得更易懂、計算平均數來研究資料的特性等都變得不可或缺。接下來就容筆者使用範例資料來為各位講解統計學的基本內容。

○ 代表值

表 3.2 是日本總務省統計局 [5] 統計從 2015 年到 2017 年共三年，每一戶一整年購買納豆的平均消費金額，不過 表 3.2 僅擷取了部分的資料來整理為範例。如果想知道所有都道府縣的資料，可以從附註的官方網站下載完整資料。

表 3.2　每一戶一整年購買納豆的消費金額（資料來源是從附註的官方網站下載，擷取部分資料整理為講解範例）

都道府縣	金額	順序（金額由小到大）
和歌山縣	1795	1
沖繩縣	2782	8
東京都	4009	29
神奈川縣	4153	31
福島縣	6092	47

※5　出處：家計調查（兩人以上的家戶）依品項來排名各個都道府縣的縣廳所在地以及政令指定都市（2015 年～ 2017 年平均）。資料可從官方網站下載，本書中將資料整理為以都道府縣名稱來表示。
　　　URL　https://www.stat.go.jp/data/kakei/rank/backnumber.html

將資料進行初步的整理後，就能用來計算許多統計數值。相信大家也都曾在報紙或網路新聞上看過能夠概略掌握資料整體樣貌的代表值。那麼接下來就介紹常用的代表值。

● 最小值（minimum）

資料當中最小的數值，在範例當中是和歌山縣的 1,795 日圓。

● 最大值（maximum）

資料當中最大的數值，上表中的最大值是福島縣的 6,092 日圓。

● 平均數（mean）

指的是算術平均數，當資料數量為 n、並以 x_i 來表示每個資料時，則可定義出下述公式。

$$\frac{1}{n}\sum_{i=1}^{n} x_i \tag{3.59}$$

實際計算 47 個都道府縣的平均數，是 3,770.46 日圓。

● 中位數（median）

將資料由小到大依序排列，剛好位於正中間的數值。於是在總共有 47 個都道府縣當中，位在第 24 個的佐賀縣（3,579 日圓）就是中位數。倘若資料數量為偶數，正中間就會剛好沒有數值，此時會取位於中間的兩個數值的平均數來作為中位數。算式如下。

$$中位數 = \begin{cases} x_{\frac{n+1}{2}}, & n \text{ 為奇數時} \\ \frac{1}{2}\left(x_{\frac{n}{2}} + x_{\frac{n}{2}+1}\right) & n \text{ 為偶數時} \end{cases} \tag{3.60}$$

● 眾數（mode）

顧名思義，是出現最頻繁的數值。比方說有一份設計了以五個層級來評分的問卷答案當中，被勾選最多次的評分層級就是眾數。

其他還有像是分位數的概念，又稱為百分位數（Percentile）或四分位數（Quantile）。而最常用的稱呼是四分位數，從最小的數值開始依序排列，當來到整體的 1/4 位置時的數值就稱之為第 1 四分位數（第 25 百分位數、1/4 分位數）。但若由於資料數量的關係而無法剛好遇到相對應的數值時，就跟稍早所介紹的中位數一樣，需要稍微計算來得出四分位數。第 2 四分位數會正巧等於中位數，接著則是第 3 四分位數（第 75 百分位數、3/4 分位數）。回到購買納豆的消費金額來說，第 1 四分位數是 2,955 日圓、第 3 四分位數是 4,405 日圓。

● 判斷偏差的指標

使用平均數跟中位數等具有代表性的數值來統整資料，有時候會導致丟失過多的資訊。特別像是一份資料當中存在多少偏差，就是我們不能遺漏的重要資訊。

首先，針對資料中位數的偏差來說，我們將第 3 四分位數與第 1 四分位數的差值稱為四分位距（IQR：Interquartile Range）。以納豆消費金額來說，就是 $4405 - 2955 = 1450$。稍後在 P.082 箱型圖會再稍作說明。

想運用資料的平均數時，變異數跟變異數取平方根後得出的標準差就非常重要。當我們有 n 個資料，其平均數為 $\bar{x}$ 時，變異數可以使用下方算式定義。

$$變異數 = \frac{1}{n} \sum_{i=1}^{n} (x_i - \bar{x})^2 \tag{3.61}$$

變異數是將所有資料距離平均數的偏差平方之後，再除以資料總數量所得到的值。平方是為了避免那些比平均數還要小、或者還要大的資料的偏差相互抵銷。也因為執行了平方的關係，所以變異數的單位會跟原本資料的單位不同，但由於有點繁瑣，因此較常運用到的是將變異數取了正平方根後所得出的標準差。

透過下載完整資料，可以獲得所有都道府縣購買納豆的消費金額資料，但是假如我們手上所擁有的資料只是整體當中的局部資料，並且需要藉此來推測背後的整體（母群體）資料特性時，就可以使用定義變異數的算式（3.61），將分母的 n 改為 $n-1$，進而運用變異數的不偏估計量來計算，稱為無偏方差。而無偏方差取正平方根後的值則稱為樣本標準差。$n-1$ 的部分則有著自由度（degrees of freedom）的名稱。在 NumPy 跟 pandas 裡面，當我們要表達從 n 減掉多少時，可以使用 ddof 參數（delta degrees of freedom）來指定 1，至於為什麼是減 1，書中就不多贅述，留給對這部分更有興趣的讀者去延伸閱讀了。

● 次數分配表

像是 表3.2 這樣的資料有時候難以直接使用，所以需要透過如 表3.3 的次數分配表的方式來進行整理。

表3.3　納豆購買金額的次數分配表

組距	次數
1795.0 ～ 2654.4	7
2654.4 ～ 3513.8	14
3513.8 ～ 4373.2	13
4373.2 ～ 5232.6	8
5232.6 ～ 6092.0	5

次數分配表能運用組距將資料中最大值與最小值之間進行相同間隔的區分，進而了解每個組距裡存在多少資料。一般來說組距都會是相同間隔，至於要將總體的全距劃分為幾等分，倒是沒有一定。劃分太細，難以掌握資料分布的形狀，而一旦劃分太粗略，就喪失了製作次數分配表的美意，因此還需每次審慎考量合適的組距。當資料數量為 N 時，史特吉斯公式（Sturges Rules）會自然地為我們帶來組距數為 $1+\log_2 N$ 的建議值（2 為對數的底數）。由於本次範例當中僅有 47 個都道府縣而已，所以只將全距區分為 5 個組距。

⬢ 3.4.2　將資料視覺處理的方法

把尚未整理的資料整理成次數分配表已經有比較好懂，接著再透過圖形來以視覺處理方式呈現，就能讓資料更易於判讀。接下來就簡單介紹幾種常用的圖形吧！

● 直方圖

使用長條圖來表達次數分配表的方法叫做直方圖。將 表3.3 用直方圖來呈現就變成了 圖3.14 。

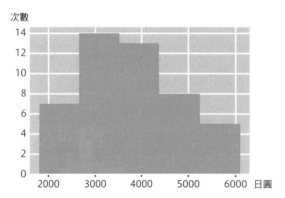

次數

圖 3.14 納豆消費金額直方圖

直方圖可以一目瞭然地看出資料分布的形狀，是非常重要的視覺處理方法。資料通常會集中在某些特定的組距，這時候較難輕易看出分布的整體樣貌，或許可以將縱軸的次數改為以對數（用 $\log_{10}$ 呈現）來表示。

● 箱型圖

箱型圖（box plot），又名盒鬚圖，是當我們想要知道資料在許多的群體當中的分布是否有所差異時，相當好用的圖形。**圖 3.15** 用箱型圖呈現了 47 個都道府縣的納豆消費金額跟海帶芽消費金額。日本人平時花多少錢購買海帶芽的消費金額，一樣可以從先前提供給各位的網站中下載資料。

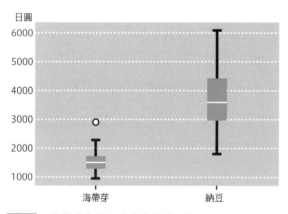

圖 3.15 海帶芽與納豆消費金額箱型圖

箱型中間的白線是中位數,而箱型底部則是第 1 四分位數、頂部是第 3 四分位數。於是我們知道箱型的高度是第 3 四分位數減去第 1 四分位數的 IQR。因為箱型朝上方跟下方長出鬍鬚的關係,才有盒鬚圖的稱呼。上下的鬍鬚一般來說是表達最大值跟最小值。此外,當數值低於第 1 四分位數、或是高於第 3 四分位數,且距離為 IQR 的 1.5 倍以上時,可將資料標示為離群值。 圖 3.15 正巧就有標出離群值。順帶一提,在海帶芽消費金額當中的離群值,是以三陸海帶芽名聞遐邇的岩手縣。

● 散佈圖

針對某個樣本當中存在著兩種以上的資料時,可以透過分別將兩種資料配置在 x 軸跟 y 軸,畫成散佈圖(scatter plot)。 圖 3.16 當中的每一個點位都是代表一個都道府縣。點位的座標在 x 軸是納豆消費金額、y 軸則是海帶芽消費金額。

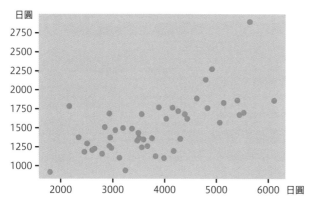

圖 3.16 納豆(x 軸)與海帶芽(y 軸)消費金額散佈圖

當資料有三種時,技術上也可以繪製成三維散佈圖,但那並沒有像平面散佈圖這麼易懂,所以通常都是從三種資料當中挑兩個為一組的方式,來畫出 3 個平面散佈圖。

3.4.3　資料與關聯性

從 圖 3.16 可以看出,會花比較多錢購買納豆的家庭,也會願意購買更多的海帶芽。運用像是相關係數這樣的指標,就能量化出資料彼此之間的關聯性。

● 相關係數

量測單一類型資料的偏差時，會使用變異數；當一份樣本當中有著兩種資料時，也有共變異數這個指標可以使用。假如我們手上有 x_i 與 y_i 所集合而成共 n 個的資料，並以 $\bar{x}$ 與 $\bar{y}$ 表示它們各自的平均數時，共變異數 s_{xy} 可以定義為如下算式。

$$s_{xy} = \frac{1}{n} \sum_{i=1}^{n} (x_i - \bar{x})(y_i - \bar{y}) \tag{3.62}$$

順帶一提，變異數的定義是下方的算式。x_i 的變異數會以 s_x^2 來表示。

$$s_x^2 = \frac{1}{n} \sum_{i=1}^{n} (x_i - \bar{x})^2 \tag{3.63}$$

變異數則是先減法再平方，所以一定是正值，但是共變異數是將每個變數乘上與平均數的差值，是正還是負可就不一定了。當散佈圖的分布走勢呈現為往右上方上揚時，共變異數為正值；反之若往右下方走跌時，則為負值。

相關係數 r_{xy} 使用了共變異數與變異數，定義為以下算式。

$$r_{xy} = \frac{s_{xy}}{s_x s_y} \tag{3.64}$$

相關係數是共變異數除以兩個變數的標準差（變異數的正平方根）所得的值，且重點是相關係數必定是在 –1 到 1 之間變化的值。

$$-1 \leq r_{xy} \leq 1 \tag{3.65}$$

當 x 增加、y 也隨之增加時，數值為正，且趨勢越明顯、數值就越接近 1。反過來說，當 x 增加、y 卻減少時，數值就會是負的。從 **圖 3.16** 可以知道納豆跟海帶芽的相關係數是 0.66。

● 其他的相關係數

前述的相關係數 r_{xy} 也被稱為皮爾森積動差相關係數（Pearson product-moment correlation coefficient）。其他比較有名的還有像是斯皮爾曼等級相關係數（Spearman's rank correlation coefficient）。由於等級相關係數僅將焦點放在資料的順序來進行計算，因此即便沒有購買金額等數字資料也能進行計算。由下方算式可進行定義。

$$\rho_{xy} = 1 - \frac{6 \sum d_i^2}{n(n^2 - 1)} \tag{3.66}$$

斯皮爾曼等級相關係數通常會以希臘字母 ρ（rho）表示，n 則為資料數量。d_i 是樣本 i 當中兩份資料的順序的差值。比方說，香川縣的納豆消費金額是全日本倒數第 3 名，而海帶芽是第 21 名，這彼此之間的差值就是 18。就是將這個差值平方之後進行加總。當兩份資料當中的順序都相同時，公式當中的減數會是 0，此時相關係數等於 1。在納豆跟海帶芽的範例中，算出來是 0.62。

🔷 3.4.4　機率

雖然無法得知明天的天氣，但透過各地的氣象站跟人工衛星所傳送而來的資料，可以計算出晴天跟降雨的機率。接下來就從機率的基本觀念，來介紹數學中處理機率的架構以及機率分布。

● 機率的基本觀念

一個骰子有六個面，當投擲一次骰子，會隨機出現 1 點到 6 點的其中一面，這稱為事件。而事件存在著發生的機率。出現 3 點的機率是 $\frac{1}{6}$，那麼這該怎麼用數學來表示呢？擲骰子只會出現 1 點到 6 點的其中一面，不可能出現這以外的點數，而這種有可能發生的現象的整體被稱為全事件（樣本空間）。在思考機率時，我們首先要意識到全事件是什麼。公式可以寫成如下。

$$U = \{1, 2, 3, 4, 5, 6\} \tag{3.67}$$

這意思是要表達集合當中有 1 ～ 6 共六個元素，這跟在 Python 建立集合時的字面常數相同，應該不難理解。

機率的英文是 probability，故取第一個字母 P 作為代表。為表示針對擲骰子這項行為「必定會出現 1 ～ 6 當中的其中一個點數」的預測一定會準確的機率為 1，可以寫成如下述公式。

$$P(U) = 1 \tag{3.68}$$

全事件的機率是 1。另一方面，骰子出現 3 點的情況則是個別事件，我們姑且稱之為 A。假設當骰子沒有被動過手腳時，機率應會如下。

$$P(A) = \frac{1}{6} \tag{3.69}$$

擲骰子後出現偶數點數的機率是多少？將出現偶數點數的事件稱之為 B，則可以寫成：

$$B = \{2, 4, 6\} \tag{3.70}$$

於是，計算出來的機率就會是：

$$P(B) = \frac{3}{6} = \frac{1}{2} \tag{3.71}$$

● 條件機率

如果說到要猜猜在倒蓋的碗中擲骰子會出現幾點的話，也依然只會有 $\frac{1}{6}$ 的機率能猜中。可是，知道答案的莊家如果告訴我們「點數是偶數」的話，就可以從偶數當中去猜，也因此猜到的機率就上升到了 $\frac{1}{3}$。

這一般稱為條件機率，在事件 A 發生的條件之下、發生事件 B 的機率，可透過下述算式定義。

$$P_A(B) = \frac{P(A \cap B)}{P(A)} \tag{3.72}$$

$A \cap B$ 是用來表示事件 A 與事件 B 存在共同的事件時的符號。假設 $A = \{2, 4, 6\}$，遇到會出現偶數點數的情況時，在這條件之下 $B = \{2\}$ 的機率如下。

$$P_A(B) = \frac{P(A \cap B)}{P(A)} = \frac{\frac{1}{6}}{\frac{1}{2}} = \frac{1}{3} \tag{3.73}$$

$P(A \cap B)$ 是會出現偶數且會出現 2 點的機率，因此跟出現 2 點的機率相同。

條件機率就是用在當我們獲得某些資訊、並且致使預測未來的機率產生變化時。這不僅是貝氏定理當中的基礎，更是當今資料分析方法的支柱之一。

🔵 3.4.5　機率分布

只想知道機率時，就找出全事件、並且針對想要知道的事件去計算佔比即可。由於數學喜歡將事物以抽象化的方式進行討論，於是機率的思維在這樣的推波助瀾下，發展為隨機變數與機率分布的架構。如果接下來的內容讓人感到有點困惑，不妨就回想起目前正在講的基本上就是機率這件事，或許能減少混淆。

🔵 隨機變數與機率分布

讓我們再回到擲骰子的例子。由於會出現的點數只會是 1 ～ 6 的其中一個數字，於是就將這作為變數、並稱之為隨機變數。一般而言，隨機變數都會用 X 來表示，而以 X 來表示機率的話，就會是 表 3.4 的樣子。

表 3.4　骰子點數的隨機變數與機率分布

X	1	2	3	4	5	6	合計
$P(X)$	$\frac{1}{6}$	$\frac{1}{6}$	$\frac{1}{6}$	$\frac{1}{6}$	$\frac{1}{6}$	$\frac{1}{6}$	1

將機率整體稱之為機率分布，而隨機變數 X 則會依循此機率分布。另外，點數 3 出現的機率可以寫成如下。

$$P(X = 3) = \frac{1}{6} \tag{3.74}$$

X 所表示的是整體的隨機變數，因此如果要表達個別事件時則可以如同公式（3.74），明確地將 $X = 3$ 寫出來、或者是運用 x_3 的寫法來呈現。

🔵 期望值

假設有個遊戲是擲出骰子，即可獲得骰子點數 ×1,000 日圓的獎金，那麼平均來說可以拿到多少錢呢？如果只投擲唯一一次骰子，有可能只能拿到 1,000 日圓而感到失落，也有可能開心地獲得 6,000 日圓，但如果持續不斷重複擲骰子， 最後究竟可以拿到多少錢？很令人好奇對吧。

在已經知道隨機變數 X 後，只要去計算出期望值，就可以知道玩一次這樣的遊戲可以獲得多少獎金。期望值的英文是 Expected value，取第一個字母 E、寫作 $E(X)$ 並透過下述算式進行定義。

$$E(X) = x_1 p_1 + x_2 p_2 + \cdots + x_n p_n = \sum_{i=1}^{n} x_i p_i \tag{3.75}$$

這是將隨機變數乘以機率之後進行加總。以骰子的情況來說，算出來是 3.5，因此在剛剛的遊戲中，投擲無限多次的骰子，幾乎每次都會是獲得 3,500 日圓的結果。

要求出資料的平均數時，想必各位都會將所有資料加總後，除以總樣本數量。當每一個資料都當作隨機變數的話，每個資料出現的機率就會是 $\frac{1}{n}$。計算期望值時，只有將隨機變數乘以機率後加總一途，別無他法。而求資料的平均數、跟計算隨機變數的期望值會是同一件事。

● 變異數

另外還有隨機變數的變異數。變異數的英文是 Variance，因此要表示隨機變數 X 的變異數時可以寫作 $V(X)$。標準差是變異數的正平方根。習慣上會用希臘文字的小寫 σ（sigma）來表示。

下面是它們各自的定義。雖然公式（3.76）有點繁瑣，不過基本上跟計算資料的離散程度時是一樣的。

$$V(X) = E((X - E(X))^2) \tag{3.76}$$
$$\sigma(X) = \sqrt{V(X)} \tag{3.77}$$

🔷 3.4.6 機率與函式

導入了隨機變數的思維後，就能運用函式來掌握變數與機率的相互關係了。在函式當中將隨機變數作為引數，計算回傳值。

在擲骰子的例子裡，隨機變數是取從 1 到 6 為止的正整數，是離散的狀態（不連續的值）。實際上，隨機變數可以是連續的值。而隨機變數是離散還是連續，在函式上的稱呼也稍有不同。離散狀態稱為機率質量函式，連續狀態則稱為機率密度函式。

當然我們不可能自己隨便想出一個函式來放入隨機變數跟值，在數學發展的歷史上已經出現過幾個重要的函式，至今依然廣泛地運用著。針對離散狀態的變數跟連續狀態的變數，各介紹一個函式。

● 離散型均勻分布

這是將擲骰子的例子通則化後的機率分布。這裡稍微簡化一些,取隨機變數 X 為整數,骰子的點數是 $1 \sim 6$,我們將其範圍拓展到 $a \sim b$。於是,在這範圍內所能取得的值的數量 n,就會是 $n = b - a + 1$。

賦予機率的函式稱作機率質量函式,其定義如下。

$$f(x) = \begin{cases} \dfrac{1}{n}, & a \leq x \leq b \\ 0, & \text{其他} \end{cases} \tag{3.78}$$

期望值則透過下述公式進行定義。

$$\frac{a+b}{2} \tag{3.79}$$

此時,a 與 b 就是決定分布的參數。基本上只要給離散型均勻分布 2 個數字,就能獲得具體的分布。以擲骰子的例子來說,假設 $a = 1$ 且 $b = 6$,則 $n = b - a + 1 = 6 - 1 + 1 = 6$,期望值為 3.5。如此一來就得到了擲骰子的分布。

● 常態分布

隨機變數可以是連續的值,而將隨機變數作為引數來算出回傳值的函式就稱為機率密度函式。當一個機率密度函式確定了之後,就能決定變數的分布。在諸多的機率分布當中,最重要的就是常態分布。針對實數 x,以下公式所定義的分布就特別將其稱為常態分布。

$$f(x) = \frac{1}{\sqrt{2\pi}} e^{-\frac{x^2}{2}} \tag{3.80}$$

雖然函式稍嫌繁雜,重點放在這個函式的形狀即可。 圖 3.17 就是將其描繪出來的圖形形狀。

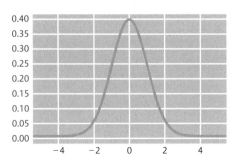

圖 3.17 機率密度函式所賦予的標準常態分布

當 $x = 0$ 時，會顯示最大的數值，且整個圖形會呈現左右對稱的吊鐘形狀。x 的變化範圍是 $-\infty \leq x \leq +\infty$，當 x 開始離開 0 的位置時，值就會快速地變小並且趨近於 0。

常態分布又稱高斯分布，是為了致敬活躍於 19 世紀的偉大數學家卡爾‧佛烈德利赫‧高斯（Carl Friedrich Gauss）而命名。當年高斯在研究天體運動觀測中所存在的誤差時，發現了誤差能透過常態分布來表示。其公式可簡要地如下來表示。

$$\text{觀測到的值} = \text{真正的值} + \text{常態分布呈現的誤差} \tag{3.81}$$

當誤差可以透過常態分布來呈現，看似雜亂無章的資料就可以運用數學方法來處理。在使用了機器學習演算法的資料分析當中，就是這樣隨處都運用著機率統計的理論在運作的。

機率密度函式可以輸入連續產生變化的隨機變數。例如，輸入 $x = 0$ 可以從函式得到的數字是 $0.3989\cdots$，但其實這並不是 $x = 0$ 的機率。而這也是跟離散型態的隨機變數最大的不同之處。或許各位會想：為什麼那不是 $x = 0$ 的機率呢？這是由於當隨機變數是連續變動的值時，x 不會存在剛好等於 0 的情況。但這不禁令人想問：到底什麼時候才會用到機率密度函式呢？

對機率密度函式做積分，可以獲得某個區間的機率。例如當 x 的範圍是 $a \leqq x \leqq b$ 時，其機率可以如下計算。

$$P(a \leq X \leq b) = \int_a^b f(x)dx \tag{3.82}$$

再比方說，符合常態分布的隨機變數，取得 1 以上的值的機率可以用下述公式來計算。

$$P(1 \leq X \leq \infty) = \int_1^\infty \frac{1}{\sqrt{2\pi}} e^{-\frac{x^2}{2}} dx = 0.15865\cdots \tag{3.83}$$

可以看到機率大概是 0.16。像這種繁瑣的計算,正確的選擇就是交給電腦處理。在 Python 裡只要使用 SciPy 就能立刻完成計算。

之前提到過,單一變數的函式的積分是面積。用圖形來思考的話就像 圖 3.18 當中所塗色的面積。

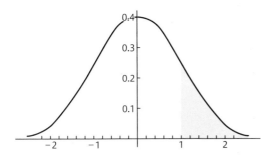

圖 3.18 對標準常態分布的密度函式執行積分,算出機率

截至目前為止所提到的常態分布,都是平均數為 0、變異值為 1 的標準常態分布。而一般的常態分布則是平均數為 μ、變異值為 σ^2,寫成如下公式。

$$f(x) = \frac{1}{\sqrt{2\pi\sigma^2}} \exp\left(-\frac{(x-\mu)^2}{2\sigma^2}\right) \tag{3.84}$$

exp 是指數函式。因為如果要在右上方的小字去放入括號當中如此繁多的資訊,就會因為字太小而看不清楚,所以衍生了這樣的寫法。

常態分布的機率密度函式雖然在公式(3.84)已經有了,但要算出明確的數字還是得確定平均數為 μ、變異值為 σ^2 才行。這些都稱為參數。就算一樣是常態分布,當參數不同時,分布的形狀也會改變。平均數意味著函式值為 x 會是最大值。另外,變異值越大、鐘型兩側會越細長,反之當變異值越小、鐘型兩側會越窄短,機率會集中在分布的平均數左右兩旁。statistics 身為 Python 標準模組,有著 NormalDist class 可以輕鬆地將平均數與變異值作為引數,建立常態分布的機率密度函式。使用 Matplotlib 視覺處理工具,還能看見在不同參數的情況下,常態分布將會如何隨之改變。請各位務必試用看看。

🔷 3.4.7　機率與資訊量

相信大家在新聞中看到罕見的事情發生了，都會嚇一跳，對吧？其實這隱藏了機率與資訊量的關聯在內。「罕見」表示「事件發生的機率比較小」，而能將感受量化為驚嚇則稱為資訊量。

為了要弄清楚機率與資訊量的關聯，就需要定義資訊量。首先，簡單地思考遇到二選一的情境吧。我們投擲了完全沒動過手腳的硬幣，請對方告訴我們是正面還是反面，這件事會帶來多少的資訊量呢？我們將此定義為 1 bit，這意思就是說，當我們要求對方回答一件發生機率為 $\frac{1}{2}$ 的事件是否實際發生了的時候，在這樣的訊息當中包含了 1 bit 的資訊量。

接著，讓我們思考看看會以相同機率發生的 4 個事件。普通的骰子是立方體（正六面體），我們想成有個骰子是正四面體，當投擲這顆骰子時，點數 1 ～ 4 會以相同機率發生。那麼，當這顆骰子在被倒蓋的碗中投擲時會出現幾點，在這樣的訊息當中含有多少的資訊量呢？要回答這問題，得分兩個階段來取得資訊。第一，將骰子點數分成 1 與 2、3 與 4 兩組，此時就會變成是二選一，因此資訊量就會是 1 bit；再來，要從已經選擇的其中一組答案當中去二選一決定最終要猜的點數，資訊量也是 1 bit。兩者相加就成為總共有 2 bit 的資訊量。

於是，請人回答機率為 p 的事件實際發生時的資訊量，就能以下方的公式（3.85）定義。

$$資訊量（\text{bit}）= -\log_2 p \tag{3.85}$$

所以我們知道當 $p = \frac{1}{2}$ 時，資訊量是 1 bit。當 $p = 1$ 時，就已經知道會發生什麼事，因此資訊量為 0。正四面體的骰子出現點數的機率都相同，因此 $p = \frac{1}{4}$，資訊量為 2 bit。很突然地請人回答骰子點數是出現幾點的情境，跟請對方分成兩次回答我們的情境，最終來說所獲得的資訊是相同的。這表示資訊量可以執行加法。

資訊量的期望值（資訊量與機率相乘後加總的值），稱之為資訊熵（Entropy）。在決策樹跟隨機森林演算法當中，要判斷該拿某個節點去切割哪個變數時，就會用資訊熵作為指標來計算。資訊量跟資訊熵是源自於克勞德・夏農（Claude Shannon）在 20 世紀中葉所提出的資訊理論研究成果。從這當中誕生了以數學為基礎來處理資訊的嶄新學問，目前持續支持著機器學習演算法不斷發展。

運用函式庫實作
資料分析

本章節將介紹使用 NumPy、pandas、Matplotlib 和 scikit-learn 等函式庫講解資料分析的實作方法。我們會挑選常用的功能進行介紹，至於每個函式庫最詳盡的解說則再請有興趣的讀者參閱官方文件。另外，同時我們也會從基礎知識開始，以易於學習的順序進行介紹。期待透過學習四個函式的使用方法，達到得以實際操作資料分析的目標。

4.1 NumPy

NumPy 是專門用來計算數值的第三方套件。比起使用 Python 標準的串列方式，會用 NumPy 可以更有效率地處理多維陣列資料。NumPy 可說是 Python 裡科學技術計算的基礎。

4.1.1　NumPy 簡介

NumPy 是 Python 的第三方套件，主要能讓處理陣列跟矩陣變得更高效。

NumPy 當中有用來處理陣列的 ndarray，以及用來處理矩陣的 matrix。而這些陣列跟矩陣的元素必須得要是 int16、float32 等 NumPy 專用的資料類型才行。另外，NumPy 裡還有專用的算數函式跟方法（method），而得以做到快速計算陣列或矩陣的成效。本節會講解資料分析時主要用到的 ndarray。

4.1.2　使用 NumPy 處理資料

從這裡開始，就要再度開始使用 JupyterLab 了。

要開始 NumPy，讓我們先來如下執行匯入。

In

```
import numpy as np
```

使用關鍵字 as 選擇 as np，運用 np 呼叫 numpy。

● 單維陣列

一開始我們從單維陣列開始練習。

In

```
a = np.array([1, 2, 3])
```

array 函式可以傳遞 Python 的串列來建立 ndarray 物件，將 3 個元素的單維陣列儲存到變數 a。

然後確認 a 陣列。

In

```
a
```

Out

```
array([1, 2, 3])
```

確認從 array 開始進行輸出。

接著，使用 print 函式輸出 a。

In

```
print(a)
```

Out

```
[1 2 3]
```

使用 print 函式的話就無法顯示 array，且元素之間會以放入空格來進行輸出。

接下來使用 type 函式確認 a 的物件。

In

```
type(a)
```

Out

```
numpy.ndarray
```

確認 a 是 NumPy 陣列、且為 ndarray 物件。

再來，使用 shape 屬性確認 a 的形狀

In

```
a.shape
```

  (3,)

確認 a 是單維陣列、有 3 個元素。

● 二維陣列

緊接著我們來處理看看二維陣列。

In

```
b = np.array([[1, 2, 3], [4, 5, 6]])
```

跟單維陣列的時候相同,使用 array 函式。這邊使用巢狀的 Python 串列來建立 ndarray 物件,儲存到變數 b。

然後確認剛剛的變數 b。

In

```
b
```

Out

```
array([[1,  2,  3],
       [4,  5,  6]])
```

In

```
b.shape
```

Out

  (2, 3)

輸出是 (2, 3),因此能判斷變數 b 是個 2×3 矩陣。順利建立了 NumPy 的二維陣列。

● 變形(reshape)

再來要試試看轉換維度。

首先,我們建立有 6 個元素的單維陣列儲存到 c1。

In

```
c1 = np.array([0, 1, 2, 3, 4, 5])
c1
```

Out

```
array([0, 1, 2, 3, 4, 5])
```

確認已將 NumPy 單維陣列放入 c1 後,接著使用 reshape 來將它轉換為 2×3 矩陣的陣列。

In

```
c2 = c1.reshape((2, 3))
c2
```

Out

```
array([[0, 1, 2],
       [3, 4, 5]])
```

第一列依序放入了 3 個元素,第二列則放入了剩下的 3 個元素。操作 reshape 時元素的數量很重要。當遇到像是 c1.reshape((3, 4)) 這種元素數量不符合的情況,就會出現錯誤(ValueError)。

然後使用 ravel 來恢復成原本的單維陣列。

In

```
c3 = c2.ravel()
c3
```

Out

```
array([0, 1, 2, 3, 4, 5])
```

順利透過 ravel 將二維陣列轉換成單維陣列了。

以相同的方式使用看看 flatten。

```
c4 = c2.flatten()   # 回傳副本（copy）
c4
```

```
array([0, 1, 2, 3, 4, 5])
```

ravel 跟 flatten 的差異在於回傳結果的方式。ravel 回傳的是參考，而 flatten 回傳的是副本。有關參考跟副本的差異請參閱本節後半段 P.104 的「參照與副本（copy）」小節。

● 資料類型（dtype）

NumPy 陣列的元素資料類型可以使用 dtype 確認。

NumPy 陣列當中的元素需要統一為相同的資料類型，也就是 NumPy 原生類型。首先我們來看看單維陣列 a 的元素是什麼資料類型吧。

```
a.dtype
```

```
dtype('int64')
```

NumPy 陣列 a 的 [1, 2, 3] 是使用 Python 的 int 類型資料所建立的。建立的時候因為沒有宣告資料類型該是什麼，因此自動被設定為 np.int64 了。對了，在 Windows 當中預設是自動建立成 np.int32，所以會顯示 dtype('int32')。

嘗試宣告資料類型為 np.int16，建立 NumPy 陣列。

```
d = np.array([1, 2], dtype=np.int16)
d
```

```
array([1, 2], dtype=int16)
```

資料類型的資訊附加到了陣列元素上。

讓我們再次用 dtype 屬性檢查資料類型。

In

```
d.dtype
```

Out

```
dtype('int16')
```

的確已經變成了 np.int16。

NumPy 陣列除了整數之外，也可以處理浮點數跟布林值。

這裡使用 astype 將 np.int16 的整數轉變為浮點數（np.float16）。

In

```
d.astype(np.float16)
```

Out

```
array([ 1.,  2.], dtype=float16)
```

確認輸出結果，已經變成了 np.float16。

● 索引與切片

索引跟切片可以簡單地從陣列當中取出我們想要的部分資料。

跟 Python 標準串列一樣，NumPy 陣列可以運用索引、切片來取出元素。

先來再次檢查「單維陣列」（P.094）小節當中所建立的單維陣列 a。

In

```
a
```

Out

```
array([1, 2, 3])
```

接著比照 Python 標準串列的做法，在索引值的地方給 0，就能獲得最前面的資料。

```
a[0]
```

Out

  1

接著一樣比照 Python 標準串列的做法，用 [1:] 來指定切片範圍。

In

```
a[1:]
```

Out

 array([2, 3])

也可以使用負值索引，這也跟 Python 標準串列一模一樣。

In

```
a[-1]
```

Out

  3

那麼，來確認二維陣列是不是也能用吧。先叫出「二維陣列」（P.096）小節當中所建立的 b 陣列。

In

```
b
```

Out

```
 array([[1, 2, 3],
        [4, 5, 6]])
```

對 NumPy 的二維陣列傳遞一個值，可以取得列方向的陣列。

運用函式庫實作資料分析

In

```
b[0]
```

Out

```
array([1, 2, 3])
```

由於這邊放入的值是 0，所以獲得了第一列的單維陣列。

當我們放入兩個值、並以逗號隔開來送出時，則可以同時取得矩陣當中指定位置的值。

實際來看看吧！在接下來的範例中放入了 [1, 0]，所以我們得到了第二列第一行的 4 這個值。

In

```
b[1, 0]
```

Out

```
4
```

指定欲執行切片的列或行的範圍。

In

```
b[:, 2]
```

Out

```
array([3, 6])
```

此時由於是 [:, 2] 的關係，所以列的方向的元素全部都會顯示，但在行的方向則是只有第三行，也就是僅取得最後一行的意思。

接著我們反過來，嘗試取得所有的行的元素。

In

```
b[1, :]
```

```
array([4, 5, 6])
```

也能針對個別的列或行指定範圍。

```
b[0, 1:]
```

```
array([2, 3])
```

即便索引值是不連續的，也能針對列或行來取得指定元素。此時需要用串列來傳遞索引值。

在下方的範例中，我們給了 [:, [0, 2]] 的關係，因此會針對所有的列，將索引值 0 與 2 這兩行的值取出來。

```
b[:, [0, 2]]
```

```
array([[1, 3],
       [4, 6]])
```

● 資料代換

再來我們看看如何針對陣列內的資料進行代換，變更值的內容。

首先，一樣用前面提到的單維陣列 a 練習。

```
a
```

```
array([1, 2, 3])
```

接著將位於索引值 [2] 的 3 這個值代換為 4。

In

```
a[2] = 4
a
```

Out

```
array([1, 2, 4])
```

可以看到已經代換完成。

然後一樣用「二維陣列」（P.096）的二維陣列 b 試看看吧。

In

```
b
```

Out

```
array([[1, 2, 3],
       [4, 5, 6]])
```

二維陣列需要指定列與行的索引值，才能變更資料內容。

In

```
b[1, 2] = 7
b
```

Out

```
array([[1, 2, 3],
       [4, 5, 7]])
```

第二列最後的值原本是 6，現在變成 7 了。

再來，嘗試針對所有的列，去改變同一行的值。

使用 [:, 2]，改變第三行的值。

```
b[:, 2] = 8
b
```

```
array([[1, 2, 8],
       [4, 5, 8]])
```

第三行的值已經都變成了 8。

● 參照與副本（copy）

陣列的副本又要怎麼檢查與確認呢？

一開始讓我們在前面資料代換所使用的 a 陣列當中去代換 a1。

```
a1 = a
a1
```

```
array([1, 2, 4])
```

想當然，a 跟 a1 是同樣的陣列。

於是我們要來改變陣列 a1。

```
a1[1] = 5
a1
```

```
array([1, 5, 4])
```

陣列 a1 變更完成。接著我們看看陣列 a 有沒有跟著改變。

In

```
a
```

Out

```
array([1, 5, 4])
```

確實已經變得跟 a1 一樣的陣列了。雖然我們沒有直接代換掉 a 的資料，但藉由 a1 = a 的操作，生成了 a1 這個參照了 a 的物件[1]。因此，當 a1 有所變化時，a1 所參考的 a 也隨之產生改變。

接著要使用 copy 來建立副本。

In

```
a2 = a.copy()
a2
```

Out

```
array([1, 5, 4])
```

a 與 a2 的內容相同。

這裡要變更 a2 的資料。

In

```
a2[0] = 6
a2
```

Out

```
array([6, 5, 4])
```

a2 陣列更改完成。接著確認原本 a 的內容。

In

```
a
```

※1　a 與 a1 是相同陣列，只是變數名稱不同，所以也能藉由改變 a 來讓 a1 產生變化。

```
array([1, 5, 4])
```

這次 a 則是維持不變。

那麼再來看看，稍早在「變形（reshape）」（P.096）有提到過的 ravel 與 flatten 的差異吧。

要使用的是 c2。

In

```
c2
```

Out

```
array([[0, 1, 2],
       [3, 4, 5]])
```

在 c3 放入 ravel 的執行結果、並在 c4 放入執行 flatten 的結果，來將 c3 及 c4 它們當中的局部元素進行代換。

In

```
c3 = c2.ravel()
c4 = c2.flatten()
c3[0] = 6
c4[1] = 7
```

c3 變成下面這樣。

In

```
c3
```

Out

```
array([6, 1, 2, 3, 4, 5])
```

而 c4 則是變成這樣。

運用函式庫實作資料分析

In

```
c4
```

Out

```
array([0, 7, 2, 3, 4, 5])
```

回過頭與 c2 做比對，可以發現它有受到 c3 代換的影響，但 c4 的改變並未反映到 c2 當中。

In

```
c2
```

Out

```
array([[6, 1, 2],
       [3, 4, 5]])
```

由此可知，ravel 是參照、而 flatten 是副本。

需要注意的是，使用 Python 標準串列時是副本會傳遞切片結果，但在 NumPy 當中參照會傳遞切片結果。

用下面的範例來說明。

Python 串列的情況會是：

In

```
py_list1 = [0, 1]
py_list2 = py_list1[:]
py_list2[0] = 2
print(py_list1)
print(py_list2)
```

Out

```
[0, 1]
[2, 1]
```

但 NumPy 的 ndarray 的情況則是：

```
np_array1 = np.array([0, 1])
np_array2 = np_array1[:]
np_array2[0] = 2
print(np_array1)
print(np_array2)
```

```
[2 1]
[2 1]
```

所以我們需要很明確地區分參照與副本。而且副本還分為淺複製（Shallow Copy）與深複製（Deep Copy）。在 Python 標準串列當中需要區分淺複製跟深複製來使用，不過若是在 NumPy 當中使用 copy 時則會建立新的物件，因此等同於執行了深複製。

● 回傳數列（arange）

跟 Python 當中標準的 range 函式一樣，NumPy 也有可以建立數列的函式。

使用 arange 函式，就能生成 NumPy 陣列（ndarray）。

```
np.arange(10)
```

```
array([0, 1, 2, 3, 4, 5, 6, 7, 8, 9])
```

將一個整數（10）作為引數來送出，得到了從 0 到 9 共 10 個整數的陣列。

當改成用 2 個整數作為引數時，會執行跟 Python 的 range 函式一樣的處理。

```
np.arange(1, 11)
```

```
array([ 1,  2,  3,  4,  5,  6,  7,  8,  9, 10])
```

第一個引數是起始值，第二個引數的前一個數值則是陣列的終止值。

依此類推，當我們放入第三個引數時，除了會執行跟 Python 的 range 函式一樣的處理之外，所產出的物件則會是 ndarray。

In

```
np.arange(1, 11, 2)
```

Out

```
array([1, 3, 5, 7, 9])
```

● 隨機數

Python 當中的 random 模組可用來產生隨機數，NumPy 也同樣具備了可以既快速又強而有力的隨機數產生函式。

NumPy 要產生隨機數有兩種方法，分別是「最新的 Random Generator」和「傳統的 Legacy Generator」。這裡我們使用最新的 Random Generator 來產生隨機數。

最新的 Random Generator 使用的是 PCG64 演算法，比 Legacy Generator 更快之外、使用更少的記憶體空間，站在統計的角度來看待，有時能產出性能較好的隨機數。

最新的 Random Generator 使用了將亂數產生器初始化之後的物件來產生隨機數。

np.random.Generator.random 函式可以傳遞列和行的元組，生成元素範圍為 0 以上、未滿 1 的二維亂數陣列。且每次執行時，生成的數值都會改變。

In

```
rng = np.random.default_rng()
f = rng.random((3, 2))
f
```

Out

```
array([[0.44429216, 0.79890133],
       [0.29230305, 0.5907549 ],
       [0.68235091, 0.52115058]])
```

遇到有需要隨機建立 0 ～ 1 之間的矩陣元素時，是很方便的功能。

有鑑於運用亂數會導致每次執行時生成的資料都會不同,但我們通常會希望在測試程式碼時能夠得到相同的結果,這時可以透過固定亂數種子,來達到固定結果的作用。在書中介紹的範例程式碼中,為了便於讀者檢查程式碼是否有誤,採用了固定亂數種子的程式碼,讓每次輸出的結果都能相同。實際工作中使用隨機數時,通常不必這麼做。

下面的範例中,亂數種子已經固定,因此每次都會得到相同的結果。

In

```
rng = np.random.default_rng(123)
f = rng.random((3, 2))
f
```

Out

```
array([[0.68235186, 0.05382102],
       [0.22035987, 0.18437181],
       [0.1759059 , 0.81209451]])
```

將 default_rng 的引數作為亂數種子,指定為 123。本書當中都會使用 123 作為亂數種子。

接著來看看在特定範圍內產生整數的 np.random.Generator.integers 函式吧。

In

```
rng = np.random.default_rng(123)
rng.integers(1, 10)
```

Out

```
1
```

從 1 到 10 的整數當中輸出一個整數,這裡輸出了 1。

np.random.Generator.integers 函式可以將第一個引數以上、未滿第二個引數的隨機整數值,用 size 關鍵字引數,生成二維陣列。

In

```
rng = np.random.default_rng(123)
rng.integers(1, 10, size=(3, 3))
```

Out

```
array([[1, 7, 6],
       [1, 9, 2],
       [3, 2, 4]])
```

np.random.Generator.uniform 函式可以將第一個引數以上、未滿第二個引數的隨機小數值，用 size 關鍵字引數，生成二維陣列。第一個引數跟第二個引數可以省略，省略後第一個引數就會預設指定為 0.0、而第二個引數則會預設指定為 1.0。它與 np.random.Generator.integers 函式的差異在於回傳值的 ndarray 會變成是小數值。

In

```
rng = np.random.default_rng(123)
rng.uniform(0.0, 5.0, size=(2, 3))
```

Out

```
array([[3.41175932, 0.26910509, 1.10179936],
       [0.92185905, 0.87952951, 4.06047253]])
```

這裡建立了一個值介於 0.0 以上、未達 5.0 的 2×3 二維陣列。

In

```
rng = np.random.default_rng(123)
rng.uniform(size=(4, 3))
```

Out

```
array([[0.68235186, 0.05382102, 0.22035987],
       [0.18437181, 0.1759059 , 0.81209451],
       [0.923345  , 0.2765744 , 0.81975456],
       [0.88989269, 0.51297046, 0.2449646 ]])
```

由於這邊並未指定數值範圍，因此會是在預設的 0.0 以上、未達 1.0 範圍當中，建立了 4×3 的二維陣列。

剛剛所介紹的隨機數的輸出，稱為均勻分布隨機數。即為從範圍當中隨機挑出資料的概念。對此，使用 np.random.Generator.standard_normal 則能輸出符合常態分布（P.089）的隨機數，也就是從標準常態分布當中取樣來輸出隨機數。

np.random.Generator.standard_normal 函式所輸出的隨機數會符合標準常態分布，
輸出為平均數 0、變異數為 1 的分布。

In

```
rng = np.random.default_rng(123)
rng.standard_normal(size=(4, 2))
```

Out

```
array([[-0.98912135, -0.36778665],
       [ 1.28792526,  0.19397442],
       [ 0.9202309 ,  0.57710379],
       [-0.63646365,  0.54195222]])
```

np.random.Generator.normal 函式可將平均數、標準差、size（形狀）作為引數，取
得常態分布的隨機數。

我們用平均數 50、標準差 10，來輸出 3 個元素。

In

```
rng = np.random.default_rng(123)
rng.normal(50, 10, 3)
```

Out

```
array([40.1087865 , 46.32213349, 62.87925261])
```

● 建立相同元素的數列

使用 zeros 函式將整數作為引數，被指定的元素會填入 0.0 建立陣列。

In

```
np.zeros(3)
```

Out

```
array([ 0.,  0.,  0.])
```

接著我們放入 2 個元素的元組，依照指定好的行數與列數來建立二維陣列。

In
```
np.zeros((2, 3))
```

Out
```
array([[0., 0., 0.],
       [0., 0., 0.]])
```

再來，使用 ones 函式將整數作為引數，被指定的元素會填入 1.0 建立陣列。

In
```
np.ones(2)
```

Out
```
array([ 1.,  1.])
```

也可以將元組給 np.zeros，用它建立二維陣列。

In
```
np.ones((3, 4))
```

Out
```
array([[ 1.,  1.,  1.,  1.],
       [ 1.,  1.,  1.,  1.],
       [ 1.,  1.,  1.,  1.]])
```

● 單位矩陣

來看看怎麼建立單位矩陣吧。

使用 eye 函式，就能在指定的對角線上的元素建立單位矩陣。

In
```
np.eye(3)
```

```
array([[ 1.,  0.,  0.],
       [ 0.,  1.,  0.],
       [ 0.,  0.,  1.]])
```

● 填入指定值

使用指定的數值來建立陣列。

這邊會用 full 函式來將值 3.14 放入有 3 個元素的陣列中。

In

```
np.full(3, 3.14)
```

Out

```
array([ 3.14, 3.14, 3.14])
```

接著要指定列與行，用上的是 NumPy 常數值且用來表示圓周率 π 的 np.pi。

In

```
np.full((2, 4), np.pi)
```

Out

```
array([[ 3.14159265,  3.14159265,  3.14159265,  3.14159265],
       [ 3.14159265,  3.14159265,  3.14159265,  3.14159265]])
```

然後要跟各位分享，當需要填滿 NumPy 遺漏值時會使用的特殊數值 np.nan。

nan 是 Not a Number 的縮寫，可用來宣告非數值，資料類型會被歸類在 float。由於 NumPy 的 ndarray 只能放入同樣資料類型的關係，因此如果還需要進一步計算時，就會遇到無法處理 Python 的 None 或空白字串的問題。為此，才需要 np.nan 這個特殊的常數來幫忙我們。

In

```
np.nan
```

運用函式庫實作資料分析

Out

```
nan
```

運用的方法如下。

In

```
np.array([1, 2, np.nan])
```

Out

```
array([ 1., 2., nan])
```

● 指定範圍並建立等分的資料

我們可以運用 linspace 函式，指定從 0 到 1 的範圍內以相同間距來建立 5 個元素的陣列。

In

```
np.linspace(0, 1, 5)
```

Out

```
array([ 0.  ,  0.25,  0.5 ,  0.75,  1.  ])
```

上面的範例跟使用 arange 函式寫成 np.arange(0.0, 1.1, 0.25) 具有相同的效果。

而 linspace 函式好用的地方在於接下來的範例，在 $0 \sim \pi$ 的範圍內生成 20 等分的資料。

In

```
np.linspace(0, np.pi, 21)
```

Out

```
array([0.        , 0.15707963, 0.31415927, 0.4712389 ,
       0.62831853, 0.78539816, 0.9424778 , 1.09955743,
       1.25663706, 1.41371669, 1.57079633, 1.72787596,
       1.88495559, 2.04203522, 2.19911486, 2.35619449,
       2.51327412, 2.67035376, 2.82743339, 2.98451302,
       3.14159265])
```

此時所生成的陣列，就能用來繪製 sin 函式等圖形。

● 元素之間的差異

np.diff 函式可以回傳元素之間的差值。

建立 5 個元素的陣列，用 np.diff 確認程式碼的運作。

In

```
l = np.array([2, 2, 6, 1, 3])
np.diff(l)
```

Out

```
array([ 0,  4, -5,  2])
```

順利輸出了前一個元素跟後一個元素的差值。

● 合併

這裡我們要用先前建立的 NumPy 陣列 a 與 a1 來說明。

In

```
print(a)
print(a1)
```

Out

```
[1  5  4]
[1  5  4]
```

使用 concatenate 函式來進行合併。

In

```
np.concatenate([a, a1])
```

Out

```
array([1, 5, 4, 1, 5, 4])
```

運用函式庫實作資料分析

接著來看二維陣列的情況。

一樣用先前建立的二維陣列 b 來說明。

In

```
b
```

Out

```
array([[1, 2, 8],
       [4, 5, 8]])
```

用以下的方式建立二維陣列 b1。

In

```
b1 = np.array([[10], [20]])
b1
```

Out

```
array([[10],
       [20]])
```

跟單維陣列相同,使用 concatenate 函式來進行合併。

這邊由於會增加欄位(直行的方向),所以我們指定 axis = 1。

In

```
np.concatenate([b, b1], axis=1)
```

Out

```
array([[ 1,  2,  8, 10],
       [ 4,  5,  8, 20]])
```

並在使用 hstack 函式後,獲得相同的效果。

In

```
np.hstack([b, b1])
```

```
array([[ 1,  2,  8, 10],
       [ 4,  5,  8, 20]])
```

再來要建立新的單維陣列 b2。

```
b2 = np.array([30, 60, 45])
b2
```

```
array([30, 60, 45])
```

此時使用 vstack 函式來增加橫列，進行合併。

```
b3 = np.vstack([b, b2])
b3
```

```
array([[ 1,  2,  8],
       [ 4,  5,  8],
       [30, 60, 45]])
```

● 切割

再來看看怎麼切割二維陣列吧。

使用 hsplit 函式，在行的中間進行分割，把 1 個二維陣列切割為 2 個二維陣列。由於此時會將第 2 個引數指定為 [2]，因此切割之後的第一個陣列會有兩行，剩下的最後一行則會自成另一個陣列。

```
first, second = np.hsplit(b3, [2])
```

讓我們確認看看切割之後的兩個陣列。

運用函式庫實作資料分析

In

```
first
```

Out

```
array([[ 1,  2],
       [ 4,  5],
       [30, 60]])
```

In

```
second
```

Out

```
array([[ 8],
       [ 8],
       [45]])
```

已經順利分割為兩個陣列了。接著我們打算針對列的方向進行分割,所以會用到 vsplit 函式。

In

```
first1, second1 = np.vsplit(b3, [2])
```

執行完後,一樣進行確認。

In

```
first1
```

Out

```
array([[1, 2, 8],
       [4, 5, 8]])
```

In

```
second1
```

Out

```
array([[30, 60, 45]])
```

● 轉置

將二維陣列的列與行相互對調，稱為轉置。

這裡會使用先前建立的 b 陣列來講解。

In

```
b
```

Out

```
array([[1, 2, 8],
       [4, 5, 8]])
```

可以看到 b 是 2×3 的矩陣。接著我們使用 T 來進行轉置。

In

```
b.T
```

Out

```
array([[1, 4],
       [2, 5],
       [8, 8]])
```

確認輸出後的結果已經變成了 3×2 的矩陣。

● 增加維度

想要增加維度時該怎麼做呢？這裡再度借用先前建立的單維陣列 a 來說明。

In

```
a
```

Out

```
array([1, 5, 4])
```

現在要將 a 變成二維陣列。在指定列的方向的切片時，指定 np.newaxis 來增加一個維度。

In

```
a[np.newaxis, :]
```

Out

```
array([[1, 5, 4]])
```

接著，比照剛剛增加了列的維度的做法，在指定行的方向的切片時，也指定
np.newaxis。

In

```
a[:, np.newaxis]
```

Out

```
array([[1],
       [5],
       [4]])
```

剛剛講解的是使用 np.newaxis 來新增維度的方法。想要做到同樣的維度調整，其
實用 reshape 也能辦到。只不過使用 reshape 新增維度時需要指定元素數量，而使
用 np.newaxis 較為方便的地方則是不必指定元素數量。

● 生成資料網格

有需要繪製等高線與熱點圖，來釐清二維平面上的點位座標時，可以使用
meshgrid 函式。它能從 x 座標、y 座標的陣列去產生一組包含了所有點位的座標資
料。這邊我們就來嘗試建立 2 個單維陣列，確認一下功能吧。

In

```
m = np.arange(0, 4)
m
```

Out

```
array([0, 1, 2, 3])
```

```
n = np.arange(4, 7)
n
```

```
array([4, 5, 6])
```

接著針對 m 與 n 分別往橫列方向與直行的方向去產生資料網格。

```
xx, yy = np.meshgrid(m, n)
xx
```

```
array([[0, 1, 2, 3],
       [0, 1, 2, 3],
       [0, 1, 2, 3]])
```

```
yy
```

```
array([[4, 4, 4, 4],
       [5, 5, 5, 5],
       [6, 6, 6, 6]])
```

針對第一個回傳值 xx，是水平方向複製第一個引數 m，往垂直方向貼上的長度則是第二個引數 n 的陣列長度。第二個回傳值 yy 是垂直方向複製第二個引數 n，往水平方向貼上的長度為第一個引數 m 的陣列長度。

🔷 4.1.3 NumPy 的各種功能

在開始介紹 NumPy 的各種功能前，需要先準備一下會用到的陣列。首先匯入 NumPy，預先做好使用 np 的環境。然後我們要建立預計稍後會用到的 5 個陣列。

In

```
import numpy as np

a = np.arange(3)
b = np.arange(-3, 3).reshape((2, 3))
c = np.arange(1, 7).reshape((2, 3))
d = np.arange(6).reshape((3, 2))
e = np.linspace(-1, 1, 10)
print("a:", a)
print("b:", b)
print("c:", c)
print("d:", d)
print("e:", e)
```

Out

```
a: [0 1 2]
b: [[-3 -2 -1]
    [ 0  1  2]]
c: [[1 2 3]
    [4 5 6]]
d: [[0 1]
    [2 3]
    [4 5]]
e: [-1.         -0.77777778 -0.55555556 -0.33333333
    -0.11111111  0.11111111  0.33333333  0.55555556
     0.77777778  1.         ]
```

In

```
print("a:", a.shape)
print("b:", b.shape)
print("c:", c.shape)
print("d:", d.shape)
print("e:", e.shape)
```

Out

```
a: (3,)
b: (2, 3)
c: (2, 3)
d: (3, 2)
e: (10,)
```

● 通用函式

通用函式（Universal Functions）是 NumPy 當中非常強大的工具，可以一口氣改變陣列元素內的資料。

這裡用回傳陣列元素的絕對值來做說明。我們要輸出二維陣列 b 的元素的絕對值。

在此之前，先用 Python 確認看看一般情況為何。可以看到需要用雙層迴圈才能做到。

In

```
li = [[-3, -2, -1],
      [0,  1,  2]]
new = []
for i, j in enumerate(li):
    new.append([])
    for k in j:
        new[i].append(abs(k))
new
```

Out

```
[[3, 2, 1], [0, 1, 2]]
```

接著來看使用 NumPy 的情況。

In

```
np.abs(b)
```

Out

```
array([[3, 2, 1],
       [0, 1, 2]])
```

可以看到執行了 np.abs 函式後，直接取得了內部元素的計算結果。

再來看看其他的通用函式吧！

執行 sin 函式。

In

```
np.sin(e)
```

Out

```
array([-0.84147098, -0.70169788, -0.52741539, -0.3271947 ,
       -0.11088263,  0.11088263,  0.3271947 , 0.52741539,
        0.70169788,  0.84147098])
```

執行 cos 函式。

In

```
np.cos(e)
```

Out

```
array([ 0.54030231, 0.71247462, 0.84960756, 0.94495695,
        0.99383351, 0.99383351, 0.94495695, 0.84960756,
        0.71247462, 0.54030231])
```

使用 log 函式來計算將自然數為底數的自然對數 log。

In

```
np.log(a)
```

Out

```
array([      -inf, 0.        , 0.69314718])
```

-inf 是無限大的負值的意思。這是因為 log(x) 在 x>0 的時候才會被定義的關係。不過此時還是能輸出 RuntimeWarning。

可使用 log10 函式來計算常用對數（log 以 10 為底數時）。

In

```
np.log10(c)
```

Out

```
array([[0.        , 0.30103   , 0.47712125],
       [0.60205999, 0.69897   , 0.77815125]])
```

當自然對數的底數為 e 時的情況，我們有 exp 函式可以用來表示 e^x。這也是通用函式之一。

In

```
np.exp(a)
```

Out

```
array([ 1.        ,  2.71828183,  7.3890561 ])
```

● 廣播

廣播跟通用函式一樣，都能直接計算陣列內部的資料，是 NumPy 中相當強大的功能。

先從計算陣列當中的純量（數值）的加法來說明。

先叫出 a 陣列。

In

```
a
```

Out

```
array([0, 1, 2])
```

針對 a 陣列加上 10。

In

```
a + 10
```

Out

```
array([10, 11, 12])
```

確認到所有陣列的元素都已經加上了 10。

接著來看看陣列與陣列相加的情況，這次我們叫出 b 陣列。

In

```
b
```

Out

```
array([[-3, -2, -1],
       [ 0,  1,  2]])
```

將單維陣列 a 跟二維陣列 b 進行相加。

In

```
a + b
```

Out

```
array([[-3, -1,  1],
       [ 0,  2,  4]])
```

a 像是變成了兩列，分別加到了 b 的元素上。廣播就是可以針對不同維度的資料來進行運算的功能。

讓我們再看看形狀稍有不同的陣列會怎麼進行相加吧。

我們轉換 a 的維度，代入變數 a1 並使其轉變成 3×1 矩陣。

In

```
a1 = a[:, np.newaxis]
a1
```

Out

```
array([[0],
       [1],
       [2]])
```

將 a 與 a1 相加。

In

```
a + a1
```

```
array([[0, 1, 2],
       [1, 2, 3],
       [2, 3, 4]])
```

單維陣列 a 先擴充為三列，隨後加上了 3×1 的二維陣列後，加總結果變成了 3×3 矩陣。

接下來我們打算從二維陣列 c 的每個元素當中，減去 c 陣列所有元素的平均數，建立新的二維陣列。

首先叫出 c 陣列。

In

```
c
```

Out

```
array([[1, 2, 3],
       [4, 5, 6]])
```

讓每個元素都減去所有元素的平均數，建立新陣列。

In

```
c - np.mean(c)
```

Out

```
array([[-2.5, -1.5, -0.5],
       [ 0.5,  1.5,  2.5]])
```

順帶看看陣列與純量的乘法。

In

```
b * 2
```

Out

```
array([[-6, -4, -2],
       [ 0,  2,  4]])
```

跟加法時相同，輸出的陣列當中每個元素都是原本陣列元素的 2 倍。

乘冪也確認看看。

In

```
b ** 3
```

Out

```
array([[-27,  -8,  -1],
       [  0,   1,   8]])
```

確實 b 陣列的所有元素都已經乘上自己 3 次了。

除了加法之外，陣列跟陣列彼此都能執行減法、乘法、除法。

然後再嘗試看看用不同形狀的陣列來執行減法。

In

```
b - a
```

Out

```
array([[-3, -3, -3],
       [ 0,  0,  0]])
```

使用同樣形狀的陣列來計算看看不同的乘法。

In

```
a * b
```

Out

```
array([[ 0, -2, -2],
       [ 0,  1,  4]])
```

也算看看除法。

In

```
a / c
```

```
array([[0.        , 0.5       , 0.66666667],
       [0.        , 0.2       , 0.33333333]])
```

當元素當中包含 0 的時候去執行除法，就會像下面這樣在元素當中出現了表示無限大的 Inf（也會輸出 RuntimeWarning）。

In

```
c / a
```

```
array([[inf, 2. , 1.5],
       [inf, 5. , 3. ]])
```

為了要避免除以元素可能為 0 的陣列、導致 inf 的情況，可以運用點小技巧來稍微加上非常細微的數值。那就是在身為被除數的陣列當中，加上 le-6（10^{-6}）這個非常小的數值。

In

```
c / (a+1e-6)
```

```
array([[1.00000000e+06, 1.99999800e+00, 1.49999925e+00],
       [4.00000000e+06, 4.99999500e+00, 2.99999850e+00]])
```

0 以外的元素的計算結果幾乎都是相當接近的數值，而除以 0 的部分則是輸出了非常大的數值。透過計算近似值的方式來因應像這類需要拿掉元素當中的 inf 時的情況。

● 陣列的相乘

使用二維陣列 b 跟單維陣列 a 來計算乘積。

陣列相乘時會使用 dot 函式來求出乘積的值。

In

```
np.dot(b, a)
```

Out

```
array([-4,  5])
```

在 Python 3.5 之後的版本，可以使用 @ 運算子。

In

```
b @ a
```

Out

```
array([-4,  5])
```

輸出了相同的結果。

如同第 3 章所學到的，執行陣列乘法時，陣列（矩陣）的形狀很重要。在上述的範例中，因為是求 2×3 矩陣與含有 3 個元素的單維陣列的乘積，於是我們得到了回傳回來是 2 的元素的單維陣列。

當相乘的順序對調，也就是用 3 個元素的單維陣列乘上 2×3 矩陣去求出乘積時，就會送出 ValueError。

接著，我們來看看計算二維陣列彼此相乘的乘積。

In

```
b @ d
```

Out

```
array([[ -8, -14],
       [ 10,  13]])
```

可以看到這裡是 2×3 矩陣去乘上 3×2 矩陣，因此得出的結果是 2×2 矩陣。

跟剛才一樣，將兩者對調，來看相乘的結果。

In

```
d @ b
```

```
array([[  0,   1,   2],
       [ -6,  -1,   4],
       [-12,  -3,   6]])
```

當 3×2 矩陣乘上 2×3 矩陣，我們得到的結果是 3×3 矩陣。

● 判斷‧布林值

將陣列與純量使用運算子進行比較時，身為結果的布林值（True/False）會以相同形狀的陣列輸出。

來看看幾個例子吧。

In

```
a > 1
```

Out

```
array([False, False,  True])
```

In

```
b > 0
```

Out

```
array([[False, False, False],
       [False, True, True]])
```

由此可見，無論是單維陣列還是二維陣列，當各個元素跟純量所比較的結果，都會以陣列的形式回傳。

我們可以很簡單地使用布林值陣列來求出符合條件的數量。

先來計算 True 有幾個。

In

```
np.count_nonzero(b > 0)
```

運用函式庫實作資料分析

Out

```
2
```

np.count_nonzero 會輸出不是 0 的元素數量。Python 當中會將 False 視為 0，因此算出來 True 的數量為 2。

想要得到相同的結果，也能使用 np.sum 函式來計算。

In

```
np.sum(b > 0)
```

Out

```
2
```

np.sum 會將所有的元素的值進行加總，但由於是將 True 當作 1 來計算，所以會得到跟前面一樣的結果。

如果要判斷在元素當中是否含有 True 時，可以用 np.any。

In

```
np.any(b > 0)
```

Out

```
True
```

跟剛剛所看到的一樣，當 b > 0 時的結果，由於是以 2 個 True 跟 4 個 False 所構成，所以有著 1 個以上的 True 存在的關係，結果就輸出了 True。

接著，我們用 np.all 來判斷是不是所有元素都是 True。

In

```
np.all(b > 0)
```

Out

```
False
```

基於元素當中含有 False，結果當然輸出了 False。

運用上述的布林陣列，還可以做到只將符合條件的元素以陣列的方式進行輸出。

```
b[b > 0]
```

```
array([1, 2])
```

b > 0 為 True，僅輸出了元素。

到目前為止都是拿陣列來跟純量做比較，但其實陣列跟陣列也可以互相比較。

```
b == c
```

```
array([[False, False, False],
       [False, False, False]])
```

將相同形狀的陣列拿來比較彼此的元素，就會以相同形狀來一個一個針對元素進行計算。

再來的範例是拿單維陣列去跟二維陣列進行比較。

```
a == b
```

```
array([[False, False, False],
       [ True,  True,  True]])
```

稍早在說明廣播的環節有提到過，廣播就是可以針對不同維度的資料來進行運算，而利用這樣的規則可使形狀不同的陣列比較時可以配對，並回傳相同形狀的布林陣列。

運用這些特性時，就能進行多個陣列的比較，並且輸出位元運算的結果。

In

```
(b == c) | (a == b)
```

Out

```
array([[False, False, False],
       [ True,  True,  True]])
```

接著再運用算出來的結果,去取得同時符合多個陣列條件的元素。

In

```
b[(b == c) | (a == b)]
```

Out

```
array([0, 1, 2])
```

到剛剛這裡都專心在看怎麼判斷元素。

再來讓我們看看如何確認陣列們彼此是否都是透過相同元素所構成。

In

```
np.allclose(b, c)
```

Out

```
False
```

np.allclose 並非是在判斷是否所有元素都一樣,而是在判斷誤差的範圍。

可以像下面這樣透過 atol 關鍵字引數,來指定絕對誤差。

In

```
np.allclose(b, c, atol=10.0)
```

Out

```
True
```

這邊將誤差設定為 10,且剛好都是在所有元素的誤差範圍內,因此回傳了 True。

這個誤差是當我們想要忽略浮點數的計算誤差時，相當方便的功能。

● 函式與方法（Method）

在方才的講解當中，遇到需要計算元素的平均數或加總的時候，都使用了 NumPy 的函式來進行處理。

好比說，要求出 a 陣列的元素加總，可以使用 np.sum 函式。

In
```
np.sum(a)
```

Out
```
3
```

要想做到一樣的事，採用陣列的方法（Method）也能辦到。

In
```
a.sum()
```

Out
```
3
```

上述兩者其實在程式內部所執行的處理都完全一樣。雖然這邊僅舉了加總作為範例，但其實大多數的 NumPy 函式都支援呼叫方法（Method）的功能。

本書當中盡量都會統一以 Pythonic 的函式、也就是具有 Python 特色的 Python 程式碼來進行講解，但無論是選用什麼樣的寫法都是對的。希望讀者不用拘泥於本書當中所追求的一致性，靈活運用自己最擅長、覺得最好用的方式就可以囉！

4.2 pandas

pandas 是 Python 當中最常用的資料分析工具，無論是要獲取資料、或者整理資料時，都可以看到它活躍於資料處理的場合。

4.2.1 pandas 簡介

pandas 是以 NumPy 為基礎來提供 Series 與 DataFrame 的資料類型，在本節當中也都會示範給各位讀者看。

開始使用 pandas 前，需要先執行匯入。

In

```
import pandas as pd
```

跟 NumPy 時所做的動作相同，使用 as 關鍵字來用 pd 呼叫 pandas。

● 什麼是 Series

Series 就是單維資料。要建立 Series 物件，直接使用 Series 就可以了。

In

```
ser = pd.Series([10, 20, 30, 40])
ser
```

Out

```
0    10
1    20
2    30
3    40
dtype: int64
```

順利建立並顯示了 4 個元素的 Series 物件。

由於這個 Series 的元素都是整數，因此自動就被定義為 int64 的資料類型。

● 什麼是 DataFrame

DataFrame 就是二維資料。建立 DataFrame 物件時，也是直接輸入 DataFrame 就可以了。

In

```
df = pd.DataFrame([[10, "a", True],
                   [20, "b", False],
                   [30, "c", False],
                   [40, "d", True]])
df
```

Out

	0	1	2
0	10	a	True
1	20	b	False
2	30	c	False
3	40	d	True

順利建立並顯示了 4×3 矩陣的 DataFrame。

在這 DataFrame 的元素當中，第一行是整數、第二行是字串、第三行是 bool 元素。每一行的元素都有自己的資料類型，也因此容易去計算每一行的資料。如果說在同一行當中同時混雜了整數、字串的話，資料類型就會變成物件，導致無法計算數值。

● 認識 DataFrame

讓我們來看看 DataFrame 的概要。

首先使用 NumPy 的 arange 函式生成 25×4 矩陣的資料，建立 DataFrame。

In

```
import numpy as np
df = pd.DataFrame(np.arange(100).reshape((25, 4)))
```

直接呼叫 df，可輸出 DataFrame 所有資訊。

```
df
```

	0	1	2	3
0	0	1	2	3
1	4	5	6	7
2	8	9	10	11
3	12	13	14	15
4	16	17	18	19
		（中略）		
20	80	81	82	83
21	84	85	86	87
22	88	89	90	91
23	92	93	94	95
24	96	97	98	99

使用 head 將輸出的內容控制在這個 DataFrame 的前五列。

```
df.head()
```

	0	1	2	3
0	0	1	2	3
1	4	5	6	7
2	8	9	10	11
3	12	13	14	15
4	16	17	18	19

再來，使用 tail 來輸出最後五列。

```
df.tail()
```

	0	1	2	3
20	80	81	82	83
21	84	85	86	87
22	88	89	90	91
23	92	93	94	95
24	96	97	98	99

想看 DataFrame 的大小，就用 shape 屬性。

```
df.shape
```

```
(25, 4)
```

確定是 25×4 矩陣的 DataFrame 沒錯。

● 索引名稱、欄位名稱

DataFrame 可以指定好懂的索引名稱（為橫列命名）跟欄位名稱（為直行命名）。

首先先比照剛才的方法建立 DataFrame。

```
df = pd.DataFrame(np.arange(6).reshape((3, 2)))
```

目前的索引名稱、欄位名稱會自動帶入從 0 開始的數字。

```
df
```

Out

	0	1
0	0	1
1	2	3
2	4	5

接著，我們將索引名稱以字串的方式設定為從 01 開始，欄位名稱則是從英文字母 A 開始，這樣就完成了索引名稱跟欄位名稱的定義。其實也不一定得要照順序排，定義名稱時可以指定任意的字串或數值。

In

```
df.index = ["01", "02", "03"]
df.columns = ["A", "B"]
```

確認看看設定好索引名稱跟欄位名稱的 DataFrame。

In

```
df
```

Out

	A	B
01	0	1
02	2	3
03	4	5

將資料賦予標籤後就更方便理解了。

除了先建立 DataFrame、再定義索引跟欄位名稱之外，我們也可以打從一開始要建立 DataFrame 時，就預先設定好想要的索引名稱跟欄位名稱。

In

```
named_df = pd.DataFrame(np.arange(6).reshape((3, 2)),
                        columns=["A行", "B行"],
                        index=["第1列", "第2列", "第3列"])
named_df
```

	A 行	B 行
第 1 列	0	1
第 2 列	2	3
第 3 列	4	5

另外也很常會使用字典（dict）形式來建立 DataFrame，尤其資料是依照每個欄位來分門別類時特別方便。我們只需要指定欄位名稱，並且在索引名稱放入以 0 開始的流水號即可。

In

```
pd.DataFrame({"A行": [0, 2, 4], "B行": [1, 3, 5]})
```

Out

	A 行	B 行
0	0	1
1	2	3
2	4	5

● 提取資料

我們再次建立資料，來看看怎麼提取資料。

In

```
import numpy as np
import pandas as pd
df = pd.DataFrame(np.arange(12).reshape((4, 3)),
        columns=["A", "B", "C"],
        index=["第1列", "第2列", "第3列", "第4列"])
df
```

Out

	A	B	C
第 1 列	0	1	2
第 2 列	3	4	5
第 3 列	6	7	8
第 4 列	9	10	11

然後我們要指定欄位名稱來提取資料。

In

```
df["A"]
```

Out

```
第 1 列    0
第 2 列    3
第 3 列    6
第 4 列    9
Name: A, dtype: int64
```

僅提取了 A 欄的資料。由於這是單維資料的關係,所以回傳了 Series 物件。
Windows 則有些情況會是輸出為 dtype('int32')。

接著我們嘗試來一次提取多個欄位的資料。

In

```
df[["A", "B"]]
```

Out

	A	B
第 1 列	0	1
第 2 列	3	4
第 3 列	6	7
第 4 列	9	10

這裡使用了串列的方式來指定欄位。當我們用串列指定欄位時,就能提取出相同
欄位名稱之下的資料,輸出為 DataFrame。

再來我們改用指定索引值來提取資料。

In

```
df[:2]
```

Out

	A	B	C
第 1 列	0	1	2
第 2 列	3	4	5

輸出了索引名稱為 0 跟 1 的第一列與第二列。這處理跟 Python 串列式是相同的。

剛剛都是針對 DataFrame 去使用 []（方形括號）來提取資料。接下來改用索引器 loc 與 iloc 來提取，且這兩個方法會比用方形括號去指定來得更明確。雖然必須得要同時指定索引跟欄位難免令人感到有些麻煩，不過這也讓提取出來的資料更清楚。

一開始先不加上提取條件，先看怎麼輸出 DataFrame 的所有資料。務必留意這邊不是副本而是參照。細節可以回顧第 4.1 節「參照與副本（copy）」（P.104）。

In

```
df.loc[:, :]
```

Out

	A	B	C
第 1 列	0	1	2
第 2 列	3	4	5
第 3 列	6	7	8
第 4 列	9	10	11

「 : 」意味著輸出所有資料，因此輸出了完全一樣的 DataFrame。

緊接著我們要用 loc 來單獨提取 A 欄位，這結果會跟 df["A"] 一模一樣。且由於打算要輸出縱向的所有元素，於是在 loc 的第一個值我們代表了所有元素的記號「 : 」來完成指定。

In

```
df.loc[:, "A"]
```

Out

```
第 1 列    0
第 2 列    3
第 3 列    6
第 4 列    9
Name: A, dtype: int64
```

再來一樣使用 loc 來提取多個欄位的資料。這會獲得與 df[["A", "B"]] 相同的結果。

In

```
df.loc[:, ["A", "B"]]
```

Out

	A	B
第 1 列	0	1
第 2 列	3	4
第 3 列	6	7
第 4 列	9	10

接著提取水平方向的資料。

In

```
df.loc["第 1 列", :]
```

Out

```
A    0
B    1
C    2
Name: 第 1 列, dtype: int64
```

指定一個索引名稱,來輸出全部的欄位。

隨後我們指定多個索引名稱,來輸出被指定的索引當中的所有欄位。

In

```
df.loc[["第 1 列", "第 3 列"], :]
```

	A	B	C
第 1 列	0	1	2
第 3 列	6	7	8

來看看同時指定索引名稱與欄位名稱的範例。

In

```
df.loc[["第1列"], ["A", "C"]]
```

Out

	A	C
第 1 列	0	2

知道 loc 怎麼使用後,接著就換 iloc 了。iloc 這個索引器是透過指定索引編號跟欄位編號來提取,而非如剛剛所學過的索引名稱跟欄位名稱。而編號則是從 0 開始,接著依序為 1、2 等整數。

首先,練習指定索引編號為 1、欄位編號也是 1。

In

```
df.iloc[1, 1]
```

Out

```
4
```

因為這裡不是指定範圍,是指定了編號所代表的位置,所以結果會輸出被指定位置的數值(範例當中為 4)。

那麼嘗試指定索引範圍、欄位位置看看吧。

In

```
df.iloc[1:, 1]
```

運用函式庫實作資料分析

Out

```
第 2 列      4
第 3 列      7
第 4 列     10
Name: B, dtype: int64
```

由於指定了一個欄位而已，所以回傳了 Series。接著對索引跟欄位同時指定範圍，則可以看到在這次的示範當中回傳了 DataFrame。

In

```
df.iloc[1:, :2]
```

Out

	A	B
第 2 列	3	4
第 3 列	6	7
第 4 列	9	10

🔵 4.2.2　讀取 / 寫入資料

使用 pandas 來讀取、寫入外部檔案。

● 讀取資料：CSV 檔案

這邊要來讀取事先準備好的檔案，內容是彙整了一整個月的步數紀錄與攝取卡路里的 csv 檔案（本節當中所使用的範例檔案可從 P.v 的「附屬資料」取得）。

In

```
import pandas as pd
df = pd.read_csv("data/202204health.csv", encoding="utf-8")
df
```

	日期	步數	攝取卡路里
0	2022-04-01	5439	2500
1	2022-04-02	2510	2300
2	2022-04-03	10238	1950
3	2022-04-04	8209	1850
4	2022-04-05	9434	1930
	（中略）		
25	2022-04-26	7492	1850
26	2022-04-27	7203	1930
27	2022-04-28	7302	1850
28	2022-04-29	6033	2300
29	2022-04-30	4093	1950

● 讀取資料：Excel 檔案

跟剛才的 CSV 檔案相同，我們也預先準備好了 Excel 檔案，內容一樣是彙整了一整個月的步數紀錄與攝取卡路里。

In

```
df = pd.read_excel("data/202204health.xlsx")
df
```

Out

	日期	步數	攝取卡路里
0	2022-04-01	5439	2500
1	2022-04-02	2510	2300
2	2022-04-03	10238	1950
3	2022-04-04	8209	1850
4	2022-04-05	9434	1930
	（中略）		
25	2022-04-26	7492	1850
26	2022-04-27	7203	1930
27	2022-04-28	7302	1850
28	2022-04-29	6033	2300
29	2022-04-30	4093	1950

運用函式庫實作資料分析

● 讀取資料：從網站的 HTML 取得表格

可以直接從網站的 HTML 內的 table 元素，讀到 DataFrame 裡面。

這裡我們練習從 Wikipedia 網站上的「網際網路頂級域列表」當中，擷取「國家或地區頂級域」的表格。

● 網際網路頂級域列表

URL　https://zh.wikipedia.org/zh-tw/網際網路頂級域列表

In

```
url = "https://ja.wikipedia.org/wiki/%E3%83%88%E3%83%83% ➡
E3%83%97%E3%83%AC%E3%83%99%E3%83%AB%E3%83%89%E3%83%A1% ➡
E3%82%A4%E3%83%B3%E4%B8%80%E8%A6%A7"
tables = pd.read_html(url, flavor="html5lib")
```

使用 html5lib 這個功能不僅能將網站的 HTML 內的 table 元素取出，甚至還可以一次取得多個 table 元素。雖然預設應是用 lxml，但由於本書所講解的環境中已經有安裝 html5lib，所以這次就用這個來進行指定。

運用下方的指令看看我們獲得了幾個 table 元素吧。

In

```
len(tables)
```

Out

```
41
```

在這次的提取當中，我們知道總共有 41 個表格。read_html 的結果已經建立了 DataFrame 的串列。可以看到其中第 5 個表格是「國家或地區頂級域」，所以我們在索引編號當中輸入 4，以取得排序為第 5 個的表格。對了，由於網頁的內容有可能被調整，因此當各位在練習時，務必再次確認目前網頁上表格是在第幾順位喔。

In

```
df = tables[4]
df
```

	Name	Entity	Explanation	Notes	IDN	DNSSEC	SLD	IPv6
0	.ac	亞森欣島 （英國）	NaN	經常用於學術性網站， 例如大學。但 .ac 與多 國的學術性二級域名無 關，例如英國的…	Yes	Yes	Yes	Yes
1	.ad	安道爾	NaN	要求本地商標、商用名 或國籍 [7] [8]。	NaN	Yes	Yes	NaN
2	.ae	阿聯	NaN	NaN	NaN	No	Yes	NaN
3	.af	阿富汗	NaN	NaN	NaN	Yes	Yes	NaN
4	.ag	安地卡及 巴布達	NaN	也被德國企業非官 方使用（AG 為德語 Aktiengesellschaft 的縮寫）…	NaN	Yes	Yes	NaN
				（中略）				
248	.ye	葉門	NaN	NaN	NaN	No	No	NaN
249	.yt	馬約特	NaN	僅限歐盟、瑞士、挪 威、冰島和列支敦斯登 境內的個人和公司。 [cctld...	Yes[cctld 12]	Yes	Yes	NaN
250	.za	南非	Zuid-Afrika （荷蘭語）	NaN	NaN	No	No	NaN
251	.zm	尚比亞	NaN	NaN	NaN	Yes	Yes[cctld 28]	NaN
252	.zw	辛巴威	NaN	NaN	NaN	No	No	NaN

253 rows × 8 columns

如此很簡單地就能將網站的 HTML 變換為 DataFrame 了。

● 寫入資料：CSV 檔案

將剛剛來自 Wikipedia 的 DataFrame 以 CSV 檔案進行輸出。

In

```
df.to_csv("data/write_data.csv")
```

煩請開啟輸出後的 CSV 檔案，確認稍早從 HTML 抓取的表格資訊已經存入 CSV 檔案中。

● 寫入資料：Excel 檔案

接著要來儲存為 Excel 檔案，使用的是 to_excel。

In

```
df.to_excel("data/write_data.xlsx")
```

請開啟 Excel 檔案確認資料內容。

● 資料的再利用

到目前為止，我們一直在使用一般的檔案格式來輸出資料。現在我們要將 pandas 的 DataFrame 直接保存到檔案中，以便於再利用。雖然存在著多種儲存 DataFrame 的方法，但在此打算使用 Python 標準函式庫的 pickle 模組（P.040）。

pickle 模組可以序列化 Python 物件，並將其寫入檔案和讀取檔案。

In

```
df.to_pickle("data/write_df.pickle")
```

執行 to_pickle，寫入檔案。

相反地當我們要讀取時，則需要如下來執行。

In

```
df = pd.read_pickle("data/write_df.pickle")
```

read_pickle 函式可以運用 pickle 格式來讀取序列化的資料。

◆ 4.2.3　整理資料

這一節要來執行資料的整理、條件提取、排序。

首先讓我們再次匯入使用 pandas 時需要用到的函式庫。

```
import pandas as pd
import numpy as np
```

這個匯入動作如果是在 JupyterLab 上進行執行時，必須要在獨立的 Notebook 內執行一次。

● 讀取要使用的資料

將前一節當中所使用到的資料，也就是步數與攝取卡路里的 Excel 檔案，再給變數 df 讀取一次。

In

```
df = pd.read_excel("data/202204health.xlsx")
df
```

Out

	日期	步數	攝取卡路里
0	2022-04-01	5439	2500
1	2022-04-02	2510	2300
2	2022-04-03	10238	1950
3	2022-04-04	8209	1850
4	2022-04-05	9434	1930
	（中略）		
25	2022-04-26	7492	1850
26	2022-04-27	7203	1930
27	2022-04-28	7302	1850
28	2022-04-29	6033	2300
29	2022-04-30	4093	1950

● 加入條件進行提取

想要知道這個月哪幾天走了 10,000 步以上的資料，於是我們加入條件來進行提取。

In

```
df.loc[:, "步數"] >= 10000
```

```
0      False
1      False
2       True
3      False
4      False
（中略）
25     False
26     False
27     False
28     False
29     False
Name: 步數 , dtype: bool
```

回傳了 bool 類型的 Series。目前是用 True/ False 表示每一列的資料是否符合。

接著將此 bool 類型的 Series 套用到 DataFrame 中，就可以將符合 True 的資料提取出來。

```
df_selected = df.loc[df.loc[:, "步數"] >= 10000, :]
df_selected
```

	日期	步數	攝取卡路里
2	2022-04-03	10238	1950
8	2022-04-09	12045	1950
12	2022-04-13	10287	1800
19	2022-04-20	15328	1800
20	2022-04-21	12849	1940

運用 df_selected，從結果來看確實僅將每天步行 10,000 步以上的資料建立為新的 DataFrame。

然後我們確認一下列數與行數各是多少。

```
df_selected.shape
```

```
(5, 3)
```

確定是 5×3 矩陣的 DataFrame。

指定條件來提取資料還有其他方法可以用，例如使用 query。

In

```
df.query('步數 >= 10000 and 攝取卡路里 <= 1800')
```

Out

	日期	步數	攝取卡路里
12	2022-04-13	10287	1800
19	2022-04-20	15328	1800

運用類似 SQL 語法的寫法來描述條件、提取資料。這次的範例中我們提取了步數
10,000 以上、且攝取卡路里為 1,800 以下的資料。

● 改變資料類型

在開始之前，先確認現狀是什麼資料類型。

In

```
df.dtypes
```

Out

```
日期          object
步數           int64
攝取卡路里        int64
dtype: object
```

使用 df.dtypes 確認了各個欄位的資料類型。日期欄位是 object，也就表示日期這
個欄位是以字串的方式在進行處裡的。

現在我們要使用 apply，來將所有的 datetime 類型的資料放入新的 date 欄位。

運用函式庫實作資料分析

In

```
df.loc[:, 'date'] = df.loc[:, '日期'].apply(pd.to_datetime)
```

針對日期這個欄位，我們執行了 panda 當中會回傳日期類型的 to_datetime 函式，使用了 apply 來轉換資料、插入 "date" 欄位。apply 會對資料逐一執行指定的函式。

那麼來確認資料內容吧。

In

```
df.loc[:, "date"]
```

Out

```
0     2022-04-01
1     2022-04-02
2     2022-04-03
3     2022-04-04
4     2022-04-05
（中略）
25    2022-04-26
26    2022-04-27
27    2022-04-28
28    2022-04-29
29    2022-04-30
Name: date, dtype: datetime64[ns]
```

在新的 date 欄位中，已經放入了 datetime64 類型的資料了。

to_datetime 函式的功能是用來解析字串或 Python 的 datetime 類型資料，並進行轉換，而回傳值的格式則取決於起初輸入時的格式。細節再請參閱官方文件（to_datetime）。

● **pandas.to_datetime**

URL https://pandas.pydata.org/docs/reference/api/pandas.to_datetime.html

檢查一下整個 DataFrame。

In

```
df
```

	日期	步數	攝取卡路里	date
0	2022-04-01	5439	2500	2022-04-01
1	2022-04-02	2510	2300	2022-04-02
2	2022-04-03	10238	1950	2022-04-03
3	2022-04-04	8209	1850	2022-04-04
4	2022-04-05	9434	1930	2022-04-05
		（中略）		
25	2022-04-26	7492	1850	2022-04-26
26	2022-04-27	7203	1930	2022-04-27
27	2022-04-28	7302	1850	2022-04-28
28	2022-04-29	6033	2300	2022-04-29
29	2022-04-30	4093	1950	2022-04-30

確認已經加入了 date 欄位。

再來，要用 astype 將攝取卡路里的資料轉換為 float 類型。

In

```
df.loc[:, " 攝取卡路里 "] = df.loc[:, " 攝取卡路里 "].astype(np.float32)
```

接下來要在索引設定 date 欄位的值。

In

```
df = df.set_index("date")
```

先簡單輸出一下最前面 5 筆資料，確認前面這兩個操作是否都已經順利完成。

In

```
df.head()
```

Out

	日期	步數	攝取卡路里
date			
2022-04-01	2022-04-01	5439	2500.0
2022-04-02	2022-04-02	2510	2300.0
2022-04-03	2022-04-03	10238	1950.0
2022-04-04	2022-04-04	8209	1850.0
2022-04-05	2022-04-05	9434	1930.0

已經順利將 date 欄位的值放入索引，原先 date 欄位的位置已經消失，而且攝取卡路里的欄位內容也改成了以小數點來顯示。

● 排序
來看看怎麼排序。

In

```
df.sort_values(by=" 步數 ")
```

執行了 sort_values，將步數的欄位進行排序。預設是升冪排序。

Out

	日期	步數	攝取卡路里
date			
2022-04-02	2022-04-02	2510	2300.0
2022-04-23	2022-04-23	3890	1950.0
2022-04-22	2022-04-22	4029	2300.0
2022-04-30	2022-04-30	4093	1950.0
2022-04-08	2022-04-08	4873	2300.0
	（中略）		
2022-04-03	2022-04-03	10238	1950.0
2022-04-13	2022-04-13	10287	1800.0
2022-04-09	2022-04-09	12045	1950.0
2022-04-21	2022-04-21	12849	1940.0
2022-04-20	2022-04-20	15328	1800.0

也順便看看降冪排序。

```
df.sort_values(by=" 步數 ", ascending=False).head()
```

	日期	步數	攝取卡路里
date			
2022-04-20	2022-04-20	15328	1800.0
2022-04-21	2022-04-21	12849	1940.0
2022-04-09	2022-04-09	12045	1950.0
2022-04-13	2022-04-13	10287	1800.0
2022-04-03	2022-04-03	10238	1950.0

上面僅輸出最前面的 5 筆資料來作為示範。

● 刪除不需要的欄位

如果遇到有不需要的欄位時，該怎麼刪除呢？

```
df = df.drop(" 日期 ", axis=1)
```

由於稍早已經在索引的位置放入轉換了 datetime 之後的值，因此現在已經不需要保留日期欄位了。

這邊我們用最後 5 筆資料來檢查。

```
df.tail()
```

Out

	步數	攝取卡路里
date		
2022-04-26	7492	1850.0
2022-04-27	7203	1930.0
2022-04-28	7302	1850.0
2022-04-29	6033	2300.0
2022-04-30	4093	1950.0

於是我們得到了一個把 date 放在索引、且統整了步數與攝取卡路里的 DataFrame。

● 插入計算結果

再來要說明如何將多個欄位的計算結果插入到新的欄位。

我們將用步數去除以攝取卡路里的值,放入新的欄位插入表格中,並且命名為步數 / 卡路里。在 Python 的計算過程中有時候會需要換行,這時就可以運用括號來進行換行。

In

```
df.loc[:, "步數 / 卡路里"] = (df.loc[:, "步數"] /
                            df.loc[:, "攝取卡路里"])
df
```

Out

	步數	攝取卡路里	步數 / 卡路里
date			
2022-04-01	5439	2500.0	2.175600
2022-04-02	2510	2300.0	1.091304
2022-04-03	10238	1950.0	5.250256
2022-04-04	8209	1850.0	4.437297
2022-04-05	9434	1930.0	4.888083
	(中略)		
2022-04-26	7492	1850.0	4.049730
2022-04-27	7203	1930.0	3.732124
2022-04-28	7302	1850.0	3.947027
2022-04-29	6033	2300.0	2.623043
2022-04-30	4093	1950.0	2.098974

這邊的計算如果是以轉換為函式的方式來進行的話，又會是什麼情況呢？

我們打算根據步數 / 卡路里，建立運動指數這個新欄位。條件是 3 以下為 Low，超過 3 但在 6 以下為 Mid，而超過 6 則定義為 High。

以下直接來定義 exercise_judge 函式。

In

```python
def exercise_judge(ex):
    if ex <= 3.0:
        return "Low"
    elif 3.0 < ex <= 6.0:
        return "Mid"
    else:
        return "High"
```

對步數 / 卡路里的值執行 apply，並將結果填入運動指數欄位。

In

```python
df.loc[:, "運動指數"] = df.loc[:, "步數 / 卡路里"].apply(
                                        exercise_judge)
df
```

Out

date	步數	攝取卡路里	步數 / 卡路里	運動指數
2022-04-01	5439	2500.0	2.175600	Low
2022-04-02	2510	2300.0	1.091304	Low
2022-04-03	10238	1950.0	5.250256	Mid
2022-04-04	8209	1850.0	4.437297	Mid
2022-04-05	9434	1930.0	4.888083	Mid
（中略）				
2022-04-26	7492	1850.0	4.049730	Mid
2022-04-27	7203	1930.0	3.732124	Mid
2022-04-28	7302	1850.0	3.947027	Mid
2022-04-29	6033	2300.0	2.623043	Low
2022-04-30	4093	1950.0	2.098974	Low

透過這樣的整理，我們得到了以 date 為索引，欄位有「步數」、「攝取卡路里」、「步數 / 卡路里」、「運動指數」的 DataFrame。

用 pickle 將這個 DataFrame 存檔，命名為 df_202204health.pickle。

In

```
df.to_pickle("data/df_202204health.pickle")
```

現在我們要使用 get_dummies 函式來將運動指數當中的 ["High", "Mid", "Low"] 分成三個欄位，並在符合分類的欄位中填入 1，不符合則填入 0，建立成 DataFrame。此時的引數會放入 perfix=" 運動 "，來固定欄位名稱的前綴。

In

```
df_moved = pd.get_dummies(df.loc[:, " 運動指數 "],
                          prefix= " 運動")
df_moved
```

Out

date	運動_High	運動_Low	運動_Mid
2022-04-01	0	1	0
2022-04-02	0	1	0
2022-04-03	0	0	1
2022-04-04	0	0	1
2022-04-05	0	0	1
（中略）			
2022-04-26	0	0	1
2022-04-27	0	0	1
2022-04-28	0	0	1
2022-04-29	0	1	0
2022-04-30	0	1	0

此處用到了名為 One-Hot Encoding（獨熱編碼）的技巧，稍後會在本章第 4.4 節當中的「4.4.1 預處理」（P.214）進行講解。

稍後還會用到剛剛做好的資料，所以也別忘了要用 pickle 存檔。

```
df_moved.to_pickle("data/df_202204moved.pickle")
```

🔷 4.2.4　時序資料

這裡會教大家如何處理每個月、每個禮拜這類跟時間順序有關聯的資料。

● 建立一個月的資料

設定起始日期跟終止日期，建立一整個月的日期的陣列。

In

```
import pandas as pd
import numpy as np
dates = pd.date_range(start="2022-04-01",
                      end="2022-04-30")
dates
```

Out

```
DatetimeIndex(['2022-04-01', '2022-04-02', '2022-04-03',
               '2022-04-04', '2022-04-05', '2022-04-06',
               '2022-04-07', '2022-04-08', '2022-04-09',
               '2022-04-10', '2022-04-11', '2022-04-12',
               '2022-04-13', '2022-04-14', '2022-04-15',
               '2022-04-16', '2022-04-17', '2022-04-18',
               '2022-04-19', '2022-04-20', '2022-04-21',
               '2022-04-22', '2022-04-23', '2022-04-24',
               '2022-04-25', '2022-04-26', '2022-04-27',
               '2022-04-28', '2022-04-29', '2022-04-30'],
               dtype='datetime64[ns]', freq='D')
```

將做好的日期陣列放到 DataFrame 的索引，資料內容設定為隨機數即可。

In

```
rng = np.random.default_rng(123)
df = pd.DataFrame(rng.integers(1, 31, size=30),
                  index=dates,
                  columns=["隨機數值"])
df
```

Out

	隨機數值
2022-04-01	1
2022-04-02	21
2022-04-03	18
2022-04-04	2
（中略）	
2022-04-26	25
2022-04-27	24
2022-04-28	7
2022-04-29	13
2022-04-30	23

● 建立一年 365 天的資料

設定起始日期，建立一年 365 天的日期陣列。

In

```
dates = pd.date_range(start="2022-01-01", periods=365)
dates
```

Out

```
DatetimeIndex(['2022-01-01', '2022-01-02', '2022-01-03',
               '2022-01-04', '2022-01-05', '2022-01-06',
               '2022-01-07', '2022-01-08', '2022-01-09',
               '2022-01-10',
               ...
               '2022-12-22', '2022-12-23', '2022-12-24',
               '2022-12-25', '2022-12-26', '2022-12-27',
               '2022-12-28', '2022-12-29', '2022-12-30',
               '2022-12-31'],
              dtype='datetime64[ns]', length=365,
              freq='D')
```

這邊的內容雖然中間有省略一些，不過整個陣列確實已經放入了總共 365 個日期進去。

比照剛才的方式，來建立一個 365 列的 DataFrame。

```
ng = np.random.default_rng(123)
df = pd.DataFrame(
            rng.integers(1, 31, size=365),
            index=dates,
            columns=["隨機數值"])
df
```

	隨機數值
2022–01–01	1
2022–01–02	21
2022–01–03	18
2022–01–04	2
2022–01–05	28
（中略）	
2022–12–27	23
2022–12–28	17
2022–12–29	2
2022–12–30	7
2022–12–31	23

365 rows × 1 columns

建立每個月平均數的資料

使用 365 天的資料，來求出每個月的平均數。

```
df.groupby(pd.Grouper(freq='M')).mean()
```

Out

	隨機數值
2022-01-31	14.516129
2022-02-28	12.892857
2022-03-31	16.935484
2022-04-30	12.933333
2022-05-31	16.612903
2022-06-30	14.200000
2022-07-31	14.161290
2022-08-31	15.935484
2022-09-30	13.500000
2022-10-31	13.483871
2022-11-30	14.300000
2022-12-31	17.741935

要使用 groupby 來總結資料，而 Grouper 可以做到週期性的分組，將引數指定為 freq='M'，並針對每個月的資料進行分組。細節再請參閱官方文件（Grouper）。

● pandas.Grouper

URL https://pandas.pydata.org/pandas-docs/stable/generated/pandas.Grouper.html

接下來將引數的欄位固定為隨機算數，使用 resample 來輸出每個月的平均數。

In

```
df.loc[:, "隨機數值"].resample('M').mean()
```

Out

```
2022-01-31    14.516129
2022-02-28    12.892857
2022-03-31    16.935484
2022-04-30    12.933333
2022-05-31    16.612903
2022-06-30    14.200000
2022-07-31    14.161290
2022-08-31    15.935484
2022-09-30    13.500000
2022-10-31    13.483871
2022-11-30    14.300000
```

```
2022-12-31      17.741935
Freq: M, Name: 隨機數值, dtype: float64
```

由於固定了欄位的關係，所以輸出的是 Series。

● 條件較為複雜的索引

一開始先來分享怎麼建立一整年的星期六的資料。

In

```
pd.date_range(start="2022-01-01", end="2022-12-31", freq="W-SAT")
```

Out

```
DatetimeIndex(['2022-01-01', '2022-01-08', '2022-01-15',
               '2022-01-22', '2022-01-29', '2022-02-05',
               '2022-02-12', '2022-02-19', '2022-02-26',
               '2022-03-05', '2022-03-12', '2022-03-19',
               '2022-03-26', '2022-04-02', '2022-04-09',
               '2022-04-16', '2022-04-23', '2022-04-30',
               '2022-05-07', '2022-05-14', '2022-05-21',
               '2022-05-28', '2022-06-04', '2022-06-11',
               '2022-06-18', '2022-06-25', '2022-07-02',
               '2022-07-09', '2022-07-16', '2022-07-23',
               '2022-07-30', '2022-08-06', '2022-08-13',
               '2022-08-20', '2022-08-27', '2022-09-03',
               '2022-09-10', '2022-09-17', '2022-09-24',
               '2022-10-01', '2022-10-08', '2022-10-15',
               '2022-10-22', '2022-10-29', '2022-11-05',
               '2022-11-12', '2022-11-19', '2022-11-26',
               '2022-12-03', '2022-12-10', '2022-12-17',
               '2022-12-24', '2022-12-31'],
              dtype='datetime64[ns]', freq='W-SAT')
```

在 date_range 函式的引數放入 start 與 end 的同時，並加上 freq="W-SAT"，就可以輸出介於 start 跟 end 這兩者之間的所有星期六的日期。

如此一來，就順利地在既定的期間內建立好下面要用來設定於索引的資料了。如果在資料分析時拿到了以星期六為統整的資料時，就可以在 DataFrame 的 index 去設定用 date_range 函式所建立的值。

於是我們就能用星期六為基準，來統整一整年的資料了。

In

```
df_year = pd.DataFrame(df.groupby(pd.Grouper(
                    freq='W-SAT')).sum(), columns=['隨機數值'])
df_year
```

Out

	隨機數值
2022-01-01	1
2022-01-08	90
2022-01-15	109
2022-01-22	128
2022-01-29	94
（中略）	
2022-12-03	99
2022-12-10	117
2022-12-17	107
2022-12-24	132
2022-12-31	123

4.2.5 處理缺失值

終於要來面對缺失值了。缺失值會顯示為 NaN，表示沒有這筆資料。

當資料中存在著缺失值時，會導致計算錯誤、或是造成無法預期的計算結果，因此需要妥善地處理好缺失值。

現在我們先將新的 CSV 資料讀取為 DataFrame。

In

```
import pandas as pd
df_202205 = pd.read_csv("data/202205health.csv",
                        encoding="utf-8",
                        index_col='日期',
                        parse_dates=True)
df_202205
```

日期	步數	攝取卡路里
2022-05-01	1439.0	4500.0
2022-05-02	8120.0	2420.0
2022-05-03	NaN	NaN
2022-05-04	2329.0	1500.0
2022-05-05	NaN	NaN
2022-05-06	3233.0	1800.0
2022-05-07	9593.0	2200.0
2022-05-08	9213.0	1800.0
2022-05-09	5593.0	2500.0

發現在 5 月 3 日跟 5 月 5 日沒有資料，屬於缺失值。

接著使用 dropna 來刪除包含缺失值的資料。

In

```
df_202205_drop = df_202205.dropna()
df_202205_drop
```

Out

日期	步數	攝取卡路里
2022-05-01	1439.0	4500.0
2022-05-02	8120.0	2420.0
2022-05-04	2329.0	1500.0
2022-05-06	3233.0	1800.0
2022-05-07	9593.0	2200.0
2022-05-08	9213.0	1800.0
2022-05-09	5593.0	2500.0

或是使用 fillna 來針對缺失值的資料代入 0。

In

```
df_202205_fillna = df_202205.fillna(0)
df_202205_fillna
```

運用函式庫實作資料分析

Out

	步數	攝取卡路里
日期		
2022-05-01	1439.0	4500.0
2022-05-02	8120.0	2420.0
2022-05-03	0.0	0.0
2022-05-04	2329.0	1500.0
2022-05-05	0.0	0.0
2022-05-06	3233.0	1800.0
2022-05-07	9593.0	2200.0
2022-05-08	9213.0	1800.0
2022-05-09	5593.0	2500.0

又或是可以在 fillna 當中寫入 method='ffill'，以缺失值的前一筆資料的數值來補足缺失值所欠缺的數值。

In

```
df_202205_fill = df_202205.fillna(method='ffill')
df_202205_fill
```

Out

	步數	攝取卡路里
日期		
2022-05-01	1439.0	4500.0
2022-05-02	8120.0	2420.0
2022-05-03	8120.0	2420.0
2022-05-04	2329.0	1500.0
2022-05-05	2329.0	1500.0
2022-05-06	3233.0	1800.0
2022-05-07	9593.0	2200.0
2022-05-08	9213.0	1800.0
2022-05-09	5593.0	2500.0

最後，來看看怎麼運用平均數、中位數、眾數來處理缺失值吧。

在 fillna 裡放入 df_202205.mean()，就可以將其他數值的平均數填入缺失值的位置。

```
df_202205_fillmean = df_202205.fillna(df_202205.mean())
df_202205_fillmean
```

	步數	攝取卡路里
日期		
2022-05-01	1439.000000	4500.000000
2022-05-02	8120.000000	2420.000000
2022-05-03	5645.714286	2388.571429
2022-05-04	2329.000000	1500.000000
2022-05-05	5645.714286	2388.571429
2022-05-06	3233.000000	1800.000000
2022-05-07	9593.000000	2200.000000
2022-05-08	9213.000000	1800.000000
2022-05-09	5593.000000	2500.000000

若要用中位數來補足缺失值時，就用 df_202205.median() 取代剛剛的 df_202205.mean()，而打算用眾數來補足時，則是使用 df_202205.mode().iloc[0, :]。

4.2.6　連接資料

接著我們要拿出之前建立的資料，來連接多個 DataFrame。

● 讀取之前存檔的資料

要讀取之前用 pickle 儲存的資料。

```
import pandas as pd
df = pd.read_pickle("data/df_202204health.pickle")
df
```

Out

	步數	攝取卡路里	步數 / 卡路里	運動指數
date				
2022-04-01	5439	2500.0	2.175600	Low
2022-04-02	2510	2300.0	1.091304	Low
2022-04-03	10238	1950.0	5.250256	Mid
2022-04-04	8209	1850.0	4.437297	Mid
2022-04-05	9434	1930.0	4.888083	Mid
		（中略）		
2022-04-26	7492	1850.0	4.049730	Mid
2022-04-27	7203	1930.0	3.732124	Mid
2022-04-28	7302	1850.0	3.947027	Mid
2022-04-29	6033	2300.0	2.623043	Low
2022-04-30	4093	1950.0	2.098974	Low

很順利地將之前儲存的檔案讀取為 DataFrame 了。

接著也讀取另外一個 DataFrame 檔案來查看內容。

In

```
df_moved = pd.read_pickle("data/df_202204moved.pickle")
df_moved
```

Out

	運動 _High	運動 _Low	運動 _Mid
date			
2022-04-01	0	1	0
2022-04-02	0	1	0
2022-04-03	0	0	1
2022-04-04	0	0	1
2022-04-05	0	0	1
	（中略）		
2022-04-26	0	0	1
2022-04-27	0	0	1
2022-04-28	0	0	1
2022-04-29	0	1	0
2022-04-30	0	1	0

● 連接直欄資料

連接前面兩個 DataFrame 的直欄（欄位方向）資料。

使用 concat 函式，將兩個 DataFrame 以串列方式放入引數，並為引數加上 axis=1，讓資料的直欄部分連接在一起。

In

```
df_merged = pd.concat([df, df_moved], axis=1)
df_merged
```

Out

date	步數	攝取卡路里	步數／卡路里	運動指數	運動_High	運動_Low	運動_Mid
2022-04-01	5439	2500.0	2.175600	Low	0	1	0
2022-04-02	2510	2300.0	1.091304	Low	0	1	0
2022-04-03	10238	1950.0	5.250256	Mid	0	0	1
2022-04-04	8209	1850.0	4.437297	Mid	0	0	1
2022-04-05	9434	1930.0	4.888083	Mid	0	0	1
（中略）							
2022-04-26	7492	1850.0	4.049730	Mid	0	0	1
2022-04-27	7203	1930.0	3.732124	Mid	0	0	1
2022-04-28	7302	1850.0	3.947027	Mid	0	0	1
2022-04-29	6033	2300.0	2.623043	Low	0	1	0
2022-04-30	4093	1950.0	2.098974	Low	0	1	0

順利以相同的索引（date）完成了連接。

● 連接橫列資料

再來要練習將兩個 DataFrame 的橫列（索引方向）進行連接。

一樣使用 concat 函式，將兩個 DataFrame 以串列方式放入引數，並為引數加上 axis=0，連接資料的橫列部分。

這邊是要跟 P.169 的 DataFrame「df_202205_fill」來結合。

In

```
df_merged_0405 = pd.concat([df_merged, df_202205_fill],
                            axis=0, sort=True)
df_merged_0405
```

Out

	攝取卡路里	步數	步數／卡路里	運動_High	運動_Low	運動_Mid	運動指數
2022-04-01	2500.0	5439.0	2.175600	0.0	1.0	0.0	Low
2022-04-02	2300.0	2510.0	1.091304	0.0	1.0	0.0	Low
2022-04-03	1950.0	10238.0	5.250256	0.0	0.0	1.0	Mid
2022-04-04	1850.0	8209.0	4.437297	0.0	0.0	1.0	Mid
2022-04-05	1930.0	9434.0	4.888083	0.0	0.0	1.0	Mid
			（中略）				
2022-05-05	1500.0	2329.0	NaN	NaN	NaN	NaN	NaN
2022-05-06	1800.0	3233.0	NaN	NaN	NaN	NaN	NaN
2022-05-07	2200.0	9593.0	NaN	NaN	NaN	NaN	NaN
2022-05-08	1800.0	9213.0	NaN	NaN	NaN	NaN	NaN
2022-05-09	2500.0	5593.0	NaN	NaN	NaN	NaN	NaN

順利將 5 月份的資料在橫列（索引方向）上追加完成。

4.2.7 處理統計資料

讀取已存檔的資料

要讀取之前以 pickle 存檔的資料。

放入 DataFrame 後，檢查一下資料的內容。

In

```
import pandas as pd
df = pd.read_pickle("data/df_202204health.pickle")
df.head()
```

date	步數	攝取卡路里	步數 / 卡路里	運動指數
2022-04-01	5439	2500.0	2.175600	Low
2022-04-02	2510	2300.0	1.091304	Low
2022-04-03	10238	1950.0	5.250256	Mid
2022-04-04	8209	1850.0	4.437297	Mid
2022-04-05	9434	1930.0	4.888083	Mid

● 基本統計量

要輸出個別的基本統計量。

先用 max 來查看最大值。

In

```
df.loc[:, " 攝取卡路里 "].max()
```

Out

```
2500.0
```

使用 min 檢查最小值。

In

```
df.loc[:, " 攝取卡路里 "].min()
```

Out

```
1800.0
```

使用 mode 來確認眾數。

In

```
df.loc[:, " 攝取卡路里 "].mode()
```

```
0    2300.0
Name: 攝取卡路里 , dtype: float32
```

使用 mean 來確認平均數。

```
df.loc[:, " 攝取卡路里 "].mean()
```

```
2026.6666
```

使用 median 來確認中位數。

```
df.loc[:, " 攝取卡路里 "].median()
```

```
1945.0
```

使用 std 來確認標準差。這邊會輸出無偏方差取正平方根後，得到的樣本標準差的
值。

```
df.loc[:, " 攝取卡路里 "].std()
```

```
205.54944
```

想要輸出從樣本變異數所算出的標準差時，可以針對 std 去指定 ddof=0。pandas
的 std 預設是 ddof=1。

```
df.loc[:, " 攝取卡路里 "].std(ddof=0)
```

202.09459

使用 count 確認資料筆數，這邊我們打算確認攝取卡路里為 2300 的資料筆數有幾筆。

In

```
df.loc[df.loc[:, "攝取卡路里"] == 2300, :].count()
```

Out

```
步數            8
攝取卡路里         8
步數 / 卡路里      8
運動指數          8
dtype: int64
```

● 摘要

剛剛我們大致已經學會了個別的統計量。

現在來講解該如何將 DataFrame 的統計量彙整之後進行輸出。

使用 describe 進行輸出。

In

```
df.describe()
```

Out

	步數	攝取卡路里	步數 / 卡路里
count	30.000000	30.000000	30.000000
mean	7766.366667	2026.666626	3.929658
std	2689.269308	205.549438	1.563674
min	2510.000000	1800.000000	1.091304
25%	6661.500000	1870.000000	2.921522
50%	7561.000000	1945.000000	4.030762
75%	8408.500000	2300.000000	4.421622
max	15328.000000	2500.000000	8.515556

運用函式庫實作資料分析

所輸出的統計量可查閱 表 4.1 。

表 4.1　主要的統計量

count	資料筆數（扣除缺失值等數量）
mean	平均數
std	樣本標準差
min	最小值
25%	第 1 四分位數
50%	中位數
75%	第 3 四分位數
max	最大值

● 相關係數

欄位之間的資料關係可以透過數值來查看。輸出相關係數。

In

```
df.corr()
```

Out

	步數	攝取卡路里	步數 / 卡路里
步數	1.000000	−0.498703	0.982828
攝取卡路里	−0.498703	1.000000	−0.636438
步數 / 卡路里	0.982828	−0.636438	1.000000

● 散佈圖矩陣

接著使用圖形來查看每個欄位的資料有什麼樣的關聯。

先匯入要用來輸出散佈圖矩陣的函式。

In

```
from pandas.plotting import scatter_matrix
```

將 DataFrame 作為 scatter_matrix 函式的引數，輸出散佈圖矩陣（ 圖 4.1 ）。由於目前只是繪圖，不需要輸出計算結果，因此代入變數「 _ 」。

In

```
_ = scatter_matrix(df)
```

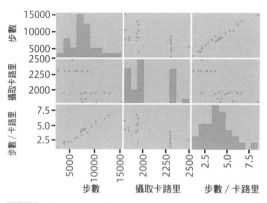

圖 4.1　散佈圖矩陣

會描繪出每個資料的散佈圖。而在相同欄位所交會的對角線上，則會輸出柱狀圖來表示資料的趨勢。

如此一來就能在閱讀資料的過程中，同時查看圖形來研判資料的情況了。

● 轉換資料

到目前為止我們都是使用 pandas 的 DataFrame 來處理資料。事實上，pandas 的後端就是 NumPy。以 NumPy 的陣列（ndarray）的功能為基礎，pandas 拓展出了更多的功能。

稍後要介紹給各位的 Matplotlib 跟 scikit-learn，則是直接應用 pandas 的 DataFrame。可是，有些其他的機器學習框架並不支援 pandas 的 DataFrame，必須得要轉換成 NumPy 陣列（ndarray）才行。使用 Python 分析資料時不僅需要用到 pandas，同時也會需要用 NumPy 來處理資料。所以接下來就要告訴各位怎麼來將 DataFrame 與 ndarray 資料互相進行轉換。

首先我們叫出 DataFrame。

In

```
df.loc[:, [" 步數 ", " 攝取卡路里 "]]
```

Out

	步數	攝取卡路里
date		
2022-04-01	5439	2500.0
2022-04-02	2510	2300.0
2022-04-03	10238	1950.0
2022-04-04	8209	1850.0
2022-04-05	9434	1930.0
	（中略）	
2022-04-26	7492	1850.0
2022-04-27	7203	1930.0
2022-04-28	7302	1850.0
2022-04-29	6033	2300.0
2022-04-30	4093	1950.0

然後我們要把上面這個 pandas 的 DataFrame 轉換為 NumPy 的陣列（ndarray）。

所以會需要使用 values 屬性。

In

```
df.loc[:, [" 步數 ", " 攝取卡路里 "]].values
```

Out

```
array([[ 5439.,    2500.],
       [ 2510.,    2300.],
       [ 10238.,   1950.],
       [ 8209.,    1850.],
       [ 9434.,    1930.],
  （中略）
       [ 7492.,    1850.],
       [ 7203.,    1930.],
       [ 7302.,    1850.],
       [ 6033.,    2300.],
       [ 4093.,    1950.]])
```

4.3 Matplotlib

介紹如何使用在 Python 裡主要用來描繪二維圖形的函式庫 Matplotlib。

4.3.1 Matplotlib 簡介

什麼是 Matplotlib

Matplotlib 是 Python 當中專門負責描繪二維圖形的函式庫，不僅是能應用在多種作業軟體上的特色讓它廣受歡迎，也有支援 JupyterLab，所以就像是在 Notebook 執行程式碼一樣，可以在 Notebook 上繪製圖形，對於需要製作視覺處理資料的人來說相當方便。

Matplotlib 的繪圖程式碼有兩個介面，分別是 MATLAB 為基礎的 pyplot 介面、與物件導向介面。書中會以物件導向介面來講解，以下稍微說明兩者的區別。

首先要啟用 Matplotlib，我們進行以下的匯入。以 as 關鍵字呼叫 plt。

In

```
import matplotlib.pyplot as plt
```

此外，本節會使用 ggplot 作為繪圖風格，而繪圖風格則會稍後說明。

In

```
import matplotlib.style

# 指定為 ggplot 風格
matplotlib.style.use('ggplot')
```

pyplot 介面

pyplot 介面是運用神似 MATLAB 的數值分析軟體的方式來繪圖的方法。在這個繪圖風格裡面，可以如下針對 matplotlib.pyplot 模組去執行各式各樣的繪圖函式。

In

```
# 準備資料
x = [1, 2, 3]
y = [2, 4, 9]

plt.plot(x, y)   # 描繪折線圖
plt.title('pyplot interface')   # 設定圖形標題

plt.show()   # 顯示圖形
```

程式碼執行結果就會變成是 圖 4.2 的折線圖。

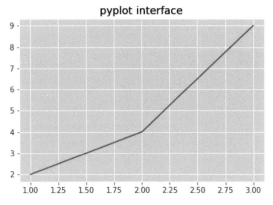

圖 4.2 pyplot 介面

● 物件導向介面

與 pyplot 有所不同，物件導向介面可以對畫布（figure）新增子圖（subplot），然後在子圖繪圖。下面的程式碼是要畫出跟剛剛 pyplot 介面一樣的折線圖，單看這個示範可能會覺得有點多此一舉，不過物件導向介面可以針對一個畫布去指定多個子圖，因此具有同時顯示多個圖形的優勢。

In

```
# 準備資料
x = [1, 2, 3]
y = [2, 4, 9]

# 生成畫布 (fig) 與子圖 (ax)
```

```
fig, ax = plt.subplots()

ax.plot(x, y)   # 繪製折線圖
ax.set_title('object-oriented interface')   # 設定標題

plt.show()   # 顯示圖形
```

執行結果跟剛才的 pyplot 介面相同（ 圖4.3 ）。

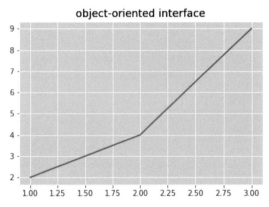

圖4.3 物件導向介面

4.3.2 畫布

那麼即將進入使用物件導向介面來介紹畫布的基本用法、通用的各種設定。

● 畫布與子圖

使用 Matplotlib 繪製圖形，要生成畫布（figure），並在裡面新增至少 1 個以上的子圖（subplot）。前面的程式碼當中的 fig, ax = plt.subplots()，就是放入變數 fig、ax 來產生 1 個畫布，並在裡面建立 1 個子圖。

當我們將數值指定為 subplots 函式的引數，就可以在一個畫布裡建立多個子圖。例如指定 subplots(2) 就可以畫出兩個子圖（ 圖4.4 ）。

In

```
import matplotlib.pyplot as plt
fig, axes = plt.subplots(2)   # 建立兩個子圖
plt.show()
```

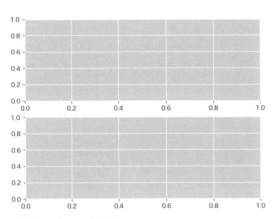

圖 4.4　建立兩個子圖

再者，以 subplots(2, 2) 進行指定時，就能以 2×2 的配置建立總共 4 個子圖
（ 圖 4.5 ）。

In

```
fig, axes = plt.subplots(2, 2)   # 建立 2 x 2 的子圖
plt.show()
```

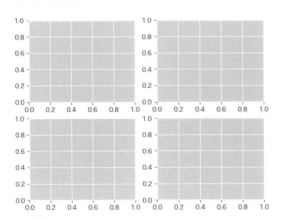

圖 4.5　2×2 的子圖

由於還能夠將引數透過關鍵字引數指定為 nrows 跟 ncols，所以也能用以下的寫法來建立 1×2 配置的子圖（ 圖4.6 ）。此時引數的預設值會是 1，因此如果像 subplots() 這種沒有指定引數的情況，就會變成建立 1×1 配置的子圖。

In

```
fig, axes = plt.subplots(ncols=2)   # 建立 1 x 2 的子圖
plt.show()
```

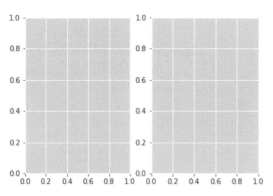

圖4.6　1×2 的子圖

● 標題

畫布跟子圖都可以添加標題（ 圖4.7 ）。

In

```
fig, axes = plt.subplots(ncols=2)

# 設定子圖的標題
axes[0].set_title('subplot title 0')
axes[1].set_title('subplot title 1')
# 設定畫布的標題
fig.suptitle('figure title')

plt.show()
```

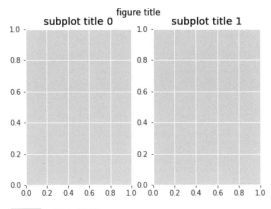

圖 4.7 添加標題

● 軸標籤

接著來為軸線添加標籤（ **圖 4.8** ）。

In

```
fig, ax = plt.subplots()

ax.set_xlabel('x label')   # 設定 X 軸的標籤
ax.set_ylabel('y label')   # 設定 Y 軸的標籤

plt.show()
```

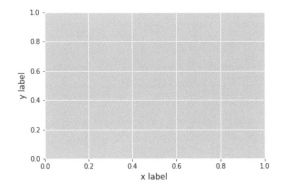

圖 4.8 添加軸標籤

● 圖例

子圖可以添加圖例。當需要添加圖例時，我們可以在 label 引數指定圖例的標籤，並使用 legend 來顯示圖例。以 loc='best' 進行指定後，就能夠在最不會影響閱讀圖形的位置輸出圖例（圖 4.9）。

In

```
fig, ax = plt.subplots()

# 設定圖例的標籤
ax.plot([1, 2, 3], [2, 4, 9], label='legend label')
ax.legend(loc='best')   # 顯示圖例

plt.show()
```

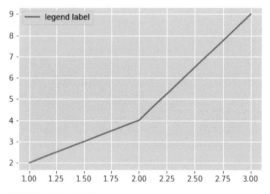

圖 4.9　顯示圖例

在這範例當中，圖例是出現在左上角。如果想要在其他位置輸出圖例時，可使用 loc 引數來指定位置。例如可以像下面這樣寫，將圖例指定在右下角（圖 4.10）。

In

```
fig, ax = plt.subplots()

ax.plot([1, 2, 3], [2, 4, 9], label='legend label')
ax.legend(loc='lower right')   # 將圖例顯示在右下角

plt.show()
```

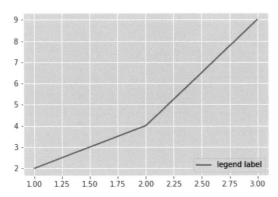

圖 4.10 將圖例改放在右下角

除此之外，還能以 'upper left'、'center'、'center left'、'lower center'、'best' 等最多 10 種來指定圖例的擺放位置。如果不喜歡放在圖上，想要擺放在圖形之外時，只要用 bbox_to_ancho 引數來指定座標就行了。

● 輸出檔案

建立完成的圖形，我們用 savefig 來存檔。檔案的格式有 png、svg、eps、pdf、tiff、jpg 可供選擇，會依副檔名來自動判定檔案格式（亦可用 format 引數進行指定）。

In

```
fig, ax = plt.subplots()
ax.set_title('subplot title')
fig.savefig('sample-figure.png')   # 以 png 格式存檔
fig.savefig('sample-figure.svg')   # 以 svg 格式存檔
```

4.3.3 圖形種類與輸出方法

● 折線圖

已經出現過不只一次的折線圖，就是用 plot 來進行繪圖。plot 的引數可以放入代表折線圖的 x 座標、y 座標的陣列或是純量。下面是在 1 個子圖上去描繪 2 個折線圖的示範（ **圖 4.11** ）。

```
fig, ax = plt.subplots()

x = [1, 2, 3]
y1 = [1, 2, 3]
y2 = [3, 1, 2]
ax.plot(x, y1)  # 繪製折線圖
ax.plot(x, y2)

plt.show()
```

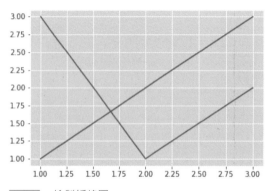

圖 4.11 繪製折線圖

雖說是折線圖，但可以透過把值與值的間隔縮小，描繪出趨勢線。下面就是繪製出 sin、cos 的圖形的範例（ **圖 4.12** ）。

```
import numpy as np

x = np.arange(0.0, 15.0, 0.1)
y1 = np.sin(x)
y2 = np.cos(x)

fig, ax = plt.subplots()
ax.plot(x, y1, label='sin')
ax.plot(x, y2, label='cos')
ax.legend()

plt.show()
```

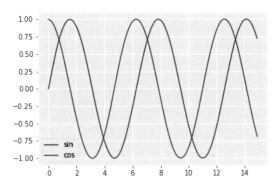

圖 4.12 使用折線圖來描繪 sin、cos 的曲線

● 長條圖

繪製長條圖時要用 bar。立刻簡單來畫個長條圖（ **圖 4.13** ）。

In

```
fig, ax = plt.subplots()

x = [1, 2, 3]
y = [10, 2, 3]
ax.bar(x, y)   # 描繪長條圖

plt.show()
```

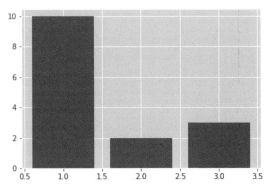

圖 4.13 繪製長條圖

使用 bar 的 tick_label 引數，就可以為刻度加上標籤（ **圖 4.14** ）。

```
fig, ax = plt.subplots()

x = [1, 2, 3]
y = [10, 2, 3]
labels = ['spam', 'ham', 'egg']
ax.bar(x, y, tick_label=labels)   # 添加標籤

plt.show()
```

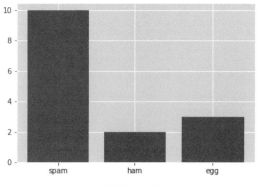

圖 4.14 添加刻度的標籤並繪製長條圖

遇到需要畫出水平方向的長條圖、也就是橫條圖時，則使用 barh，用法跟 bar 一樣，只要將前面的程式碼中的 bar 改成 barh，就能畫出 圖 4.15 了。

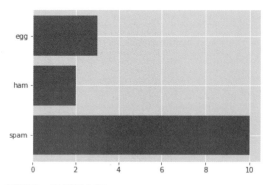

圖 4.15 繪製橫條圖

當有需要並排顯示不只一個長條圖時，就需要設定長條圖的矩形寬度，並自行移位來進行繪圖。在以下的程式碼當中，我們移動第二組長條圖預先設定好的 x 座標矩形寬度（0.4），讓兩種長條圖得以並排顯示（ 圖 4.16 ）。

In

```
fig, ax = plt.subplots()

x = [1, 2, 3]
y1 = [10, 2, 3]
y2 = [5, 3, 6]
labels = ['spam', 'ham', 'egg']

width = 0.4   # 將矩形寬度設定為 0.4
ax.bar(x, y1, width=width, tick_label=labels,
        label='y1')   # 依照指定寬度進行繪圖

# 以設定好的寬度進行移位，描繪第二組長條圖
x2 = [num + width for num in x]
ax.bar(x2, y2, width=width, label='y2')

ax.legend()

plt.show()
```

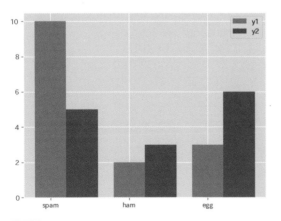

圖 4.16　描繪出並排顯示的長條圖

要繪製堆疊長條圖時，可在作為基準的 y 座標上，運用 bottom 引數來指定下方的矩形的值。在下面的程式碼中，我們將 y2 長條圖的 bottom 引數指定為 y1、並將 y3 長條圖的 bottom 引數指定為 y1 加上 y2 的值，如此一來就做到了將 3 個長條圖堆疊在一起描繪的成果（ 圖 4.17 ）。

In

```
fig, ax = plt.subplots()

x = [1, 2, 3]
y1 = [10, 2, 3]
y2 = [5, 3, 6]
y3 = [3, 2, 8]
labels = ['spam', 'ham', 'egg']

# 填入 y1 加上 y2 的值
y1_y2 = [num1 + num2 for num1, num2 in zip(y1, y2)]

ax.bar(x, y1, tick_label=labels, label='y1')
# 將 y2 長條圖底部的 y 座標指定為 y1
ax.bar(x, y2, bottom=y1, label='y2')
# 將 y3 長條圖底部的 y 座標指定為 y1+y2
ax.bar(x, y3, bottom=y1_y2, label='y3')
ax.legend()

plt.show()
```

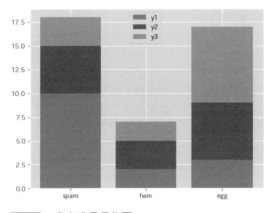

圖 4.17　畫出堆疊長條圖

● 散佈圖

描繪散佈圖時使用 scatter，下面是將隨機生成的 50 個元素描繪成散佈圖的範例
（ 圖 4.18 ）。這裡要先用 seed 指定隨機數，才能跟書上生成一樣的隨機數、並畫成
相同結果的散佈圖。

In

```
fig, ax = plt.subplots()

# 隨機生成 50 個元素
rng = np.random.default_rng(123)
x = rng.random(50)
y = rng.random(50)

ax.scatter(x, y)   # 描繪散佈圖

plt.show()
```

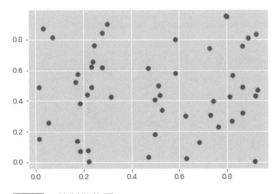

圖 4.18　繪製散佈圖

點的預設樣式（marker）是圓形，我們可以使用 marker 引數來改變點的樣式，畫
出樣式豐富的散佈圖。在下面的範例中，程式碼的架構跟剛才一樣，但這次加入
了 10 種不同樣式來顯示點，看看會畫出什麼樣的散佈圖吧！

In

```
fig, ax = plt.subplots()

# 隨機生成 50 個元素
rng = np.random.default_rng(123)
```

```
x = rng.random(50)
y = rng.random(50)

ax.scatter(x[0:10], y[0:10], marker='v',
           label='triangle down')  # 朝下的三角形
ax.scatter(x[10:20], y[10:20], marker='^',
           label='triangle up')  # 朝上的三角形
ax.scatter(x[20:30], y[20:30], marker='s',
           label='square')  # 正方形
ax.scatter(x[30:40], y[30:40], marker='*',
           label='star')  # 星形
ax.scatter(x[40:50], y[40:50], marker='x',
           label='x')  # X
ax.legend()

plt.show()
```

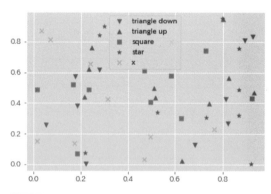

圖 4.19 改變點的樣式，繪製散佈圖

● 直方圖

描繪直方圖的時候會用 hist。透過下方的程式碼，我們嘗試繪製了一個符合常態分布的隨機數值直方圖（ 圖 4.20 ）。

In

```
# 生成資料
rng = np.random.default_rng(123)
mu = 100   # 平均數
sigma = 15  # 標準差
```

```
x = rng.normal(mu, sigma, 1000)

fig, ax = plt.subplots()

# 描繪直方圖
n, bins, patches = ax.hist(x)

plt.show()
```

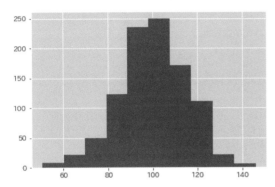

圖 4.20　描繪直方圖

hist 所回傳的值會是先前在第 3 章的次數分配表可以運用的資料。n 會放入各個
bin（條）的次數（元素數量），bins 則是放入 bin 的邊界值，而 patches 則是會填
入描繪 bin 所需的資訊。使用 n 與 bins 就能以下方的程式碼輸出次數分配表。

In

```
for i, num in enumerate(n):
    print(f"{bins[i]:.2f} – {bins[i + 1]:.2f}: {num}")
```

Out

```
50.53 – 60.06: 8.0
60.06 – 69.60: 22.0
69.60 – 79.13: 50.0
79.13 – 88.66: 123.0
88.66 – 98.20: 236.0
98.20 – 107.73: 250.0
107.73 – 117.27: 172.0
117.27 – 126.80: 111.0
126.80 – 136.34: 22.0
```

```
136.34 - 145.87: 6.0
```

針對 hist 的 bin 引數去指定任意數值，就能變更 bin（條）的數量。預設的 bin 數量是 10，但如果比照下方的程式碼進行更細的設定，就能將同樣的資料描繪成更詳細的直方圖（ 圖 4.21 ）。

```
fig, ax = plt.subplots()

ax.hist(x, bins=25)   # 指定 bin 數量然後繪圖

plt.show()
```

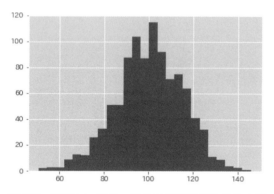

圖 4.21 設定 bin 數量，描繪更能傳達細節的直方圖

當我們將 hist 的引數指定為 orientation='horizontal' 時，就能繪製橫向的直方圖（ 圖 4.22 ）。

```
fig, ax = plt.subplots()

# 繪製橫向的直方圖
ax.hist(x, orientation='horizontal')

plt.show()
```

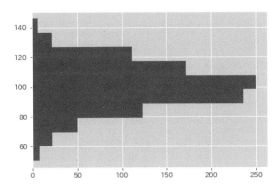

圖 4.22 繪製橫向的直方圖

有別於長條圖,當我們對直方圖設定多個數值時,就會自動並排顯示。在下面的例子裡,我們建立 3 組符合常態分布、但彼此互不相同的隨機數資料(x0、x1、x2),然後將它們繪製成並排顯示的直方圖(圖 4.23)。

In

```python
# 生成資料
rng = np.random.default_rng(123)
mu = 100   # 平均數
x0 = rng.normal(mu, 20, 1000)

# 使用不同的標準差來生成資料
x1 = rng.normal(mu, 15, 1000)
x2 = rng.normal(mu, 10, 1000)

fig, ax = plt.subplots()

labels = ['x0', 'x1', 'x2']
# 繪製 3 組資料的直方圖
ax.hist((x0, x1, x2), label=labels)
ax.legend()

plt.show()
```

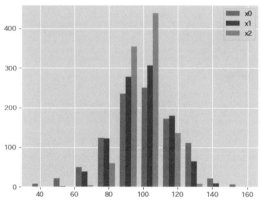

圖 4.23 繪製並排顯示的直方圖

除此之外，將 hist 的引數指定為 stacked=True 時，就可以畫出立體堆疊直方圖
（ 圖 4.24 ）。

In

```
fig, ax = plt.subplots()

labels = ['x0', 'x1', 'x2']
# 繪製堆疊直方圖
ax.hist((x0, x1, x2), label=labels, stacked=True)
ax.legend()

plt.show()
```

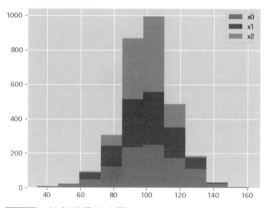

圖 4.24　繪製堆疊直方圖

運用函式庫實作資料分析

箱型圖

運用 boxplot 繪製箱型圖。以下的程式碼會描繪出 3 組資料（x0、x1、x2）的箱型圖（ 圖 4.25 ）。

In

```
# 使用不同的標準差來生成資料
rng = np.random.default_rng(123)
x0 = rng.normal(0, 10, 500)
x1 = rng.normal(0, 15, 500)
x2 = rng.normal(0, 20, 500)

fig, ax = plt.subplots()
labels = ['x0', 'x1', 'x2']
ax.boxplot((x0, x1, x2), labels=labels)  # 繪製箱型圖

plt.show()
```

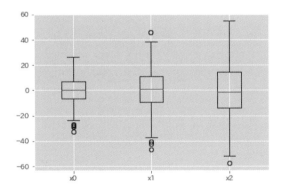

圖 4.25　繪製箱型圖

將 vert=False 指定為 boxplot 的引數，就能畫出橫向的箱型圖（ 圖 4.26 ）。

In

```
fig, ax = plt.subplots()
labels = ['x0', 'x1', 'x2']
# 繪製橫向箱型圖
ax.boxplot((x0, x1, x2), labels=labels, vert=False)

plt.show()
```

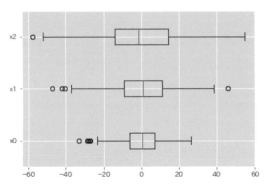

圖 4.26　繪製橫向箱型圖

● 圓餅圖

圓餅圖則是使用 pie 來描繪（圖 4.27）。

In

```
labels = ['spam', 'ham', 'egg']
x = [10, 3, 1]

fig, ax = plt.subplots()

ax.pie(x, labels=labels)  # 繪製圓餅圖

plt.show()
```

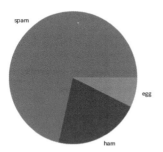

圖 4.27　繪製圓餅圖

圓餅圖預設為從右邊（時鐘上 3 點的位置）開始逆時針依序顯示元素。如果希望
將正上方（時鐘上 12 點的位置）作為起始點，則需要指定 startangle=90（指旋轉
90 度後的位置），並且指定 counterclock=False 將元素的排列改為順時針方向
（ 圖 4.28 ）。

In

```
fig, ax = plt.subplots()

ax.pie(x, labels=labels, startangle=90,
       counterclock=False)   # 由正上方以順時針方向排列

plt.show()
```

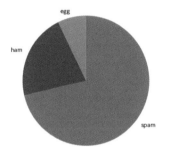

圖 4.28   繪製以正上方為起始、順時針放入元素的圓餅圖

可以使用 shadow=True 為圓餅圖加上陰影，也可以透過加入像是
autopct='%1.2f%%' 的描述，讓值的百分比一併被標註在圖形上面。且 autopct 還可
以指定要顯示到小數點後第幾位（ 圖 4.29 ）。

In

```
fig, ax = plt.subplots()

ax.pie(x, labels=labels, startangle=90,
       counterclock=False,
       shadow=True, autopct='%1.2f%%')   # 添加陰影與標註數值的百分比

plt.show()
```

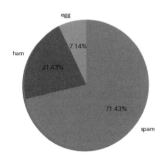

圖 4.29 添加陰影跟數值的百分比,繪製圓餅圖

可以在 explode 引數指定數值,將該元素從圓餅圖上分開來顯示,以表達想要特別強調圓餅圖當中的某些部分的值。下面的程式碼示範如何將第 1 項元素切割來顯示(**圖 4.30**)。

In

```
explode = [0, 0.2, 0]   # 切割第 1 項元素 (ham)

fig, ax = plt.subplots()

ax.pie(x, labels=labels, startangle=90,
       counterclock=False,
       shadow=True, autopct='%1.2f%%',
       explode=explode)   # 指定 explode

plt.show()
```

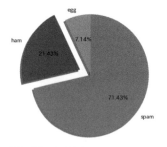

圖 4.30 繪製將 ham 從圓餅圖分離的圖形

● 結合多種圖形

我們也能將不同的圖形組合在一起顯示。下方的程式碼就是將直條圖以及折線圖

描繪在同一個子圖上（ 圖 4.31 ）。

In

```
fig, ax = plt.subplots()

x1 = [1, 2, 3]
y1 = [5, 2, 3]
x2 = [1, 2, 3, 4]
y2 = [8, 5, 4, 6]
ax.bar(x1, y1, label='y1')   # 繪製長條圖
ax.plot(x2, y2, label='y2')   # 繪製折線圖
ax.legend()

plt.show()
```

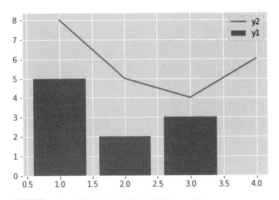

圖 4.31　將直條圖以及折線圖畫在一起

依樣畫葫蘆，我們在直方圖上新增折線圖，並且以趨勢線的方式來繪製
（ 圖 4.32 ）。

In

```
rng = np.random.default_rng(123)
x = rng.normal(size=1000)   # 生成常態亂數

fig, ax = plt.subplots()

# 繪製直方圖
counts, edges, patches = ax.hist(x, bins=25)
```

```
# 求出描繪趨勢線時所需使用的點 （直方圖的 bin 的中點）
x_fit = (edges[:-1] + edges[1:]) / 2
# 繪製趨勢線
y = 1000 * np.diff(edges) * np.exp(-x_fit**2 / 2) / ➡
np.sqrt(2 * np.pi)
ax.plot(x_fit, y)

plt.show()
```

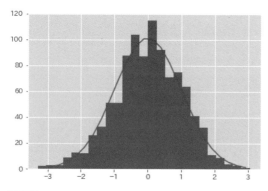

圖 4.32 將直方圖與趨勢線畫在一起

4.3.4 風格

本節會講解如何設定每種圖形的風格。

● 指定色彩

顯示在圖形上的線條、背景、框線都可以指定色彩。下面的程式碼就使用了 plot 的 color 引數，將線條設定為想要的色彩（ **圖 4.33** ）。

In

```
fig, ax = plt.subplots()

# 使用名稱指定線條色彩
ax.plot([1, 3], [3, 1], label='aqua', color='aqua')
# 使用 16 進位 RGB 進行指定
ax.plot([1, 3], [1, 3], label='#0000FF', color='#0000FF')
# 使用 float 指定 RGBA
```

運用函式庫實作資料分析

```
ax.plot([1, 3], [2, 2], label='(0.1, 0.2, 0.5, 0.3)',
        color=(0.1, 0.2, 0.5, 0.3))
ax.legend()  # 顯示圖例

plt.show()
```

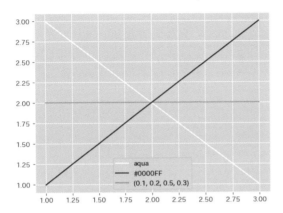

圖 4.33 設定折線圖的線條色彩

可以看到有許多方式可以用來指定色彩。第 1 個範例是用字串來指定，可以使用在 HTML、X11 或是 CSS4 有定義的色彩名稱；第 2 個範例是以 16 進位來指定 RGB，最後面加上 2 個文字是用來指定 Alpha 值（透明度）；第 3 個範例是指定 RGBA，不過選用的方式不是 16 進位，而是用範圍 0 ～ 1 之間的浮點數來指定。當元組內的數值只有 3 個時則會變成 RGB。

長條圖跟散佈圖都可以使用 color 引數與 edgecolor 引數來指定色彩。color 引數是用來決定填滿的色彩，edgecolor 引數則是定義邊框色彩。在下方的程式碼當中，我們在一張圖中分別去畫出只有填滿色彩的長條圖、以及填滿並且繪製框線的長條圖（ 圖 4.34 ）。

In

```
fig, ax = plt.subplots()

ax.bar([1], [3], color='aqua')  # 指定填滿的色彩
# 指定填滿的色彩、以及框線色彩
ax.bar([2], [4], color='aqua', edgecolor='black')

plt.show()
```

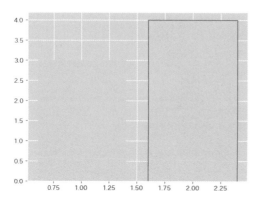

圖 4.34 設定折線圖的線條色彩

● 線條風格

折線圖、圖形的框線、以及分隔線都可以設定為不同的風格。好比說可以透過 linewidth 引數來調整線條的寬度（**圖 4.35**）。

In

```
fig, ax = plt.subplots()

# 以 5.5 點的寬度繪製線條
ax.plot([1, 3], [3, 1], linewidth=5.5, label='5.5')
# 以 10 點的寬度繪製線條
ax.plot([1, 3], [1, 3], linewidth=10, label='10')
ax.legend()

plt.show()
```

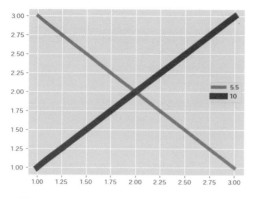

圖 4.35 指定線條寬度

使用 linestyle 可以指定線條種類，下面的範例畫出了虛線（--）、鏈線（-.）與點狀線（:）（ 圖 4.36 ）。

In

```
fig, ax = plt.subplots()

# 繪製虛線
ax.plot([1, 3], [3, 1], linestyle='--', label='dashed')
# 繪製鏈線
ax.plot([1, 3], [1, 3], linestyle='-.', label='dashdot')
# 繪製點狀線
ax.plot([1, 3], [2, 2], linestyle=':', label='dotted')
ax.legend()

plt.show()
```

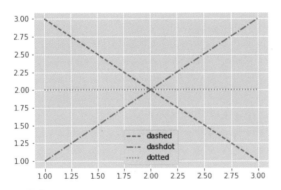

圖 4.36　指定線條種類

● 字型

標題、圖例、軸標籤這些位置所添加的文字，都可以設定風格。使用 size 引數來調整字體大小（單位：點），使用 weight 引數來指定字體粗細（如 light、bold 等），還可以用 family 引數設定字體的種類，在預設當中就有 serif、sans-serif、cursive、fantasy、monospace 可供使用。

下面示範了如何運用上述那些引數來設定字型風格（ 圖 4.37 ）。

```
fig, ax = plt.subplots()

ax.set_xlabel('xlabel', family='fantasy', size=20,
              weight='bold')
ax.set_ylabel('ylabel', family='serif', size=40,
              weight='light')
ax.set_title('graph title', family='monospace',
             size=25, weight='heavy')

plt.show()
```

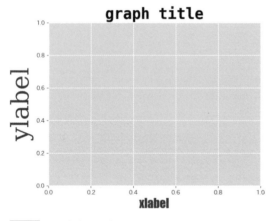

圖 4.37　設定字型風格

想要將不同位置的文字都指定為相同字型時，如果還要一一去用引數個別指定，那就太費工了。有個更好的方法，是以為字體設定建立字典檔的方式去設定字型，然後用 fontdict 引數進行指定。事不宜遲，立刻就在下方的程式碼當中，針對 x 軸、y 軸以及標題都設定成相同字型吧（ **圖 4.38** ）！

```
# 使用字典定義字型風格
fontdict = {
    'family': 'fantasy',
    'size': 20,
    'weight': 'normal',
}
```

```
fig, ax = plt.subplots()

# 用字典檔指定字型風格
ax.set_xlabel('xlabel', fontdict=fontdict)
ax.set_ylabel('ylabel', fontdict=fontdict)
# 可單獨指定 size 來覆蓋
ax.set_title('graph title', fontdict=fontdict, size=40)

plt.show()
```

在上面的範例中，子圖的標題不是字典所定義的 20 點，是因為使用了 set_title 直接指定了 size 引數為 40 點的關係。

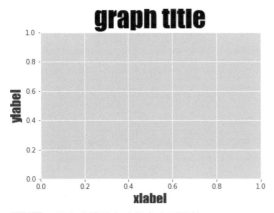

圖 4.38　用字典檔的方式設定字型風格

● 添加文字

使用 text 則可以在圖形上添加任意的文字（ **圖 4.39** ）。我們在第一引數跟第二引數指定 x 座標與 y 座標，並且將字型風格指定為相同的引數。

In

```
fig, ax = plt.subplots()

ax.text(0.2, 0.4, 'Text', size=20)   # 添加文字 Text

plt.show()
```

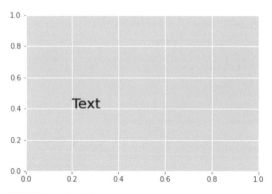

圖 4.39 添加文字

● 圖形風格

使用 matplotlib.style 可以設定整體的圖形顯示內容（線條色彩、粗細、背景色彩等），可套用的風格名稱清單能從 matplotlib.style.available 取得，在 Matplotlib 3.5.2 版本當中有 28 種風格任君挑選。對了，如同稍早在 P.180 提過的，本書所採用的是 ggplot 風格。

In

```
import matplotlib.style

# 顯示風格清單
print(matplotlib.style.available)
```

Out

```
['Solarize_Light2', '_classic_test_patch',
 '_mpl-gallery', '_mpl-gallery-nogrid',
   （中略）
 'seaborn-ticks', 'seaborn-white',
 'seaborn-whitegrid', 'tableau-colorblind10']
```

輸出結果就是可以使用的風格清單。

選好想要使用的風格後，就可以將風格名稱的字串放入 matplotlib.sytle.use() 來進行指定。以下的程式碼就是使用了 matplotlib.sytle.use() 來把風格指定為 classic（**圖 4.40**）。如此一來就獲得了一張看起來相當簡約的圖形。

運用函式庫實作資料分析

4

In

```
# 將圖形風格指定為 classic
matplotlib.style.use('classic')

fig, ax = plt.subplots()
ax.plot([1, 2])

plt.show()
```

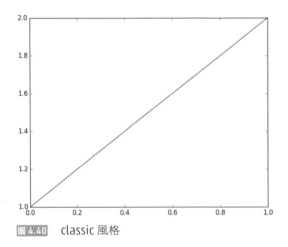

圖 4.40 classic 風格

4.3.5 使用 pandas 物件來繪圖

其實 pandas 的 DataFrame 跟 Series 可以用來繪圖，且這繪圖功能在內部也是運用了 Matplotlib 的架構。

雖然無法調整細部的呈現方式，也無法將多張圖形放在一起繪製，但卻能很簡單地將 DataFrame 跟 Series 以視覺處理的方式來體現。各位讀者可以依照自己的需求，在適當的場景選擇合適的工具來應用。

我們對 DataFrame 呼叫 plot，然後進行繪圖（ **圖 4.41** ）。

In

```
import pandas as pd
import matplotlib.style
import matplotlib.pyplot as plt
```

```
matplotlib.style.use('ggplot')  # 指定風格

# 建立 DataFrame
df = pd.DataFrame({'A': [1, 2, 3], 'B': [3, 1, 2]})
df.plot()  # 繪製折線圖
plt.show()
```

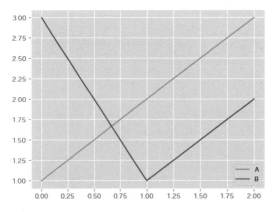

圖 4.41 直接從 DataFrame 畫出折線圖

接著要用 plot.bar 來繪製長條圖。當有不只一組資料時，會自動並排顯示
（ **圖 4.42** ）。

In

```
import numpy as np

# 隨機生成 3 列 2 行的資料，建立 DataFrame
rng = np.random.default_rng(123)
df2 = pd.DataFrame(rng.random((3, 2)),
                   columns=['y1', 'y2'])

df2.plot.bar()  # 繪製長條圖
plt.show()
```

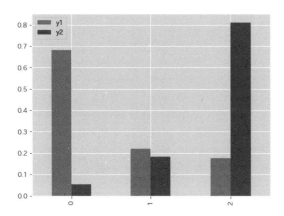

圖 4.42 直接從 DataFrame 畫出長條圖

在引數放入 stacked=True，就能畫成堆疊長條圖（ **圖 4.43** ）。

In

```
df2.plot.bar(stacked=True)    # 描繪堆疊長條圖
plt.show()
```

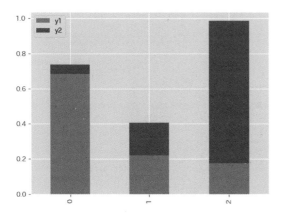

圖 4.43 直接從 DataFrame 繪製堆疊長條圖

除此之外，還能用 plot.barh 畫出橫條圖、用 plot.scatter 畫出散佈圖、用 plot.hist 畫出直方圖、用 plot.box 畫出箱型圖，以及用 plot.pie 畫出圓餅圖。

更多細節再請參閱以下的網頁。

● **Chart Visualization - pandas documentation**

URL https://pandas.pydata.org/pandas-docs/stable/user_guide/visualization.html

4.4 scikit-learn

scikit-learn 是包含機器學習在內的資料探勘（使用統計學、機器學習等技術，從資料中提取知識的技術領域）和資料分析的函式庫。用 scikit-learn 作為 Python 中執行深度學習以外的機器學習的工具包，已經可以說是成為了業界標準。

4.4.1 預處理

在將資料放入機器學習演算法之前，充分了解資料的性質、做好預處理是非常重要的事，甚至預處理還被認為是佔了資料分析工作當中的 8 成至 9 成，由此可見有多重要。本節當中會涵蓋以下內容。

- 如何處理缺失值

- 如何對類別變數進行編碼

- 如何對特徵執行標準化

現在開始會使用 scikit-learn 來講預處理。另一方面，使用 pandas 來進行預處理的部分則可以回顧本章第 4.2 節「pandas」的內容。相較於 pandas，scikit-learn 可以實例化類別（class），並使用 fit 和 transform（或使用 fit_transform 同時執行兩者）進行預處理。因此，scikit-learn 具有統一的介面、易於理解的優點。

如何處理缺失值

缺失值的意思是在蒐集資料時，可能由於量測相關問題、或者通訊相關的缺失所產生的數值缺漏。在分析資料的過程中經常會遇到有缺失值的情況，這時如果不處理，後續要分析就會有難度，因此通常會選擇合適的方法來進行應對。主要的應對方式有以下 2 種。

1. 排除缺失值

2. 補足缺失值

接著就用以下的 DataFrame 作為範例來說明。

In

```
import numpy as np
import pandas as pd
# 建立範例資料集
df = pd.DataFrame(
    {
        'A': [1, np.nan, 3, 4, 5],
        'B': [6, 7, 8, np.nan, 10],
        'C': [11, 12, 13, 14, 15]
    }
)
df
```

Out

	A	B	C
0	1.0	6.0	11
1	NaN	7.0	12
2	3.0	8.0	13
3	4.0	NaN	14
4	5.0	10.0	15

順利建立了 5 列 3 行的 DataFrame。在 A 行第 2 列、B 行第 4 列存在缺失值
（NaN），顯示方式是 NumPy 函式庫的 nan。

排除缺失值

所謂排除缺失值，就是刪除有缺失值的直欄或橫列。首先要使用 isnull 來確認
DataFrame 的各個元素是否為缺失值。

In

```
# 確認元素是否為缺失值
df.isnull()
```

	A	B	C
0	False	False	False
1	True	False	False
2	False	False	False
3	False	True	False
4	False	False	False

A 行第二列、B 行第四列皆為 True，其他元素則為 False。

要刪除有缺失值的直欄或橫列，會用到 DataFrame 的 dropna，再請參閱書中第 4.2 節當中的「4.2.5 處理缺失值」（P.167）。

補足缺失值

至於補足缺失值，則是用其他的值來代替缺失值，能放的有特徵的平均數、中位數、眾數。當我們選擇平均數來補足前面講解「排除缺失值」時所使用的 DataFrame 的缺失值時，會是像下面這樣的情況。

● 使用以下算式計算 A 行的平均數。

$$\frac{1+3+4+5}{4} = 3.25 \tag{4.1}$$

將算出的值拿來代替第 2 列的缺失值。

● 使用以下算式計算 B 行的平均數。

$$\frac{6+7+8+10}{4} = 7.75 \tag{4.2}$$

然後用算好的值代替第 4 列的缺失值。

要補足缺失值時，會使用 pandas 的 DataFrame 的 fillna、或是使用 scikit-learn 的 impute 模組的 SimpleImputer 類別來執行。前者已在書中第 4.2 節當中的「4.2.5 處理缺失值」提過，所以這邊就僅針對後者來講解如何使用平均數以補足缺失值。

In

```
from sklearn.impute import SimpleImputer
# 建立以平均數補足缺失值的實例
imp = SimpleImputer(strategy='mean')
```

```
# 補足缺失值
imp.fit(df)
imp.transform(df)
```

Out

```
array([[ 1.  ,  6.  , 11.  ],
       [ 3.25,  7.  , 12.  ],
       [ 3.  ,  8.  , 13.  ],
       [ 4.  ,  7.75, 14.  ],
       [ 5.  , 10.  , 15.  ]])
```

順利在 A 行第 2 列填入了 3.25、在 B 行第 4 列填入了 7.75，補足了所需要的缺失值。雖然 transform 有指定了 pandas 的 DataFrame，不過這邊需要留意回傳的值是變成了 NumPy 陣列。SimpleImputer 類別主要的引數含義請看 **表 4.2** 。

表 4.2 SimpleImputer 類別的引數

引數	說明
strategy	使用字串指定補足缺失值的方法，可以從 'mean'〔平均數〕、'median'〔中位數〕、'most_frequent'〔眾數〕、'constant'〔常數〕當中選出想要使用的數值。當指定了 'constant' 時，需要在引數 fill_value 去指定打算用來補足缺失值的數值。
fill_value	當引數 strategy 指定為 'constant' 時，需要指定打算用來補足缺失值的數值。

● **如何對類別變數進行編碼**

類別變數是什麼呢？像是血型、職業這種，在有限的選項當中屬於某一個，就是類別變數。事不宜遲，立刻就來生成 5 列 2 行的 DataFrame，A 行有 1、2、3、4、5，B 行則有 'A'、'B'、'C'、'D'、'E'。

In

```
import pandas as pd
df = pd.DataFrame(
    {
        'A': [1, 2, 3, 4, 5],
        'B': ['a', 'b', 'a', 'b', 'c']
    }
)
df
```

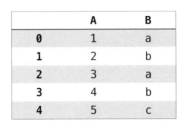

	A	B
0	1	a
1	2	b
2	3	a
3	4	b
4	5	c

取 B 行的 a、b、c 任一個值來當作類別變數的範例。在機器學習當中處理類別變數時，需要盡可能地將其轉換為電腦好處理的數值。而要做到這點，有以下兩個方法可以分享給大家。

- 對類別變數進行編碼

- One-Hot Encoding（獨熱編碼）

類別變數編碼

所謂類別變數編碼，是像「a → 0、b → 1、c → 2」這種將類別變數轉換為數值（整數）的處理。使用 scikit-learn 針對類別變數進行編碼時，會用 preprocessing 模組的 LabelEncoder 類別。在下面的示範中，我們對剛剛生成的 DataFrame 執行了編碼。

In

```
from sklearn.preprocessing import LabelEncoder
# 生成 LabelEncoder 的實例
le = LabelEncoder()
# 針對標籤進行編碼
le.fit(df.loc[:, 'B'])
le.transform(df.loc[:, 'B'])
```

Out

```
array([0, 1, 0, 1, 2])
```

從結果來看，B 行的值已經變成了 0、1、0、1、2。這意味著 a 變成 0、b 變成 1、c 變成 2，完成了值的轉換。而轉換過後的值跟原本的值是否還有互相對應，可以使用 LabelEncoder 實例的 classes_ 屬性來進行確認。

In

```
# 檢查原本的值
le.classes_
```

Out

```
array(['a', 'b', 'c'], dtype=object)
```

One-Hot Encoding（獨熱編碼）

那麼 One-Hot Encoding 又是什麼呢？就是針對類別變數去執行符號化的處理。比方說我們可以對表格類型的類別變數的直欄，看總共有幾種數值、就建立數量相同的直欄，並且在值符合的那一列填入 1、其餘則填入 0，來進行轉換。在轉換類別變數等需要將資料輸入到機器學習時的前置作業上，One-Hot Encoding 可說是相當熱門的方法。

現在我們手上有個 5 列 2 行的矩陣，A 行放入的是數字，B 行放入的是 a、b、c 的字串。

	A	B
1	1	a
2	2	b
3	3	a
4	4	b
5	5	c

執行了 One-Hot Encoding 後，資料就會轉換成下面的模樣。

	A	B_a	B_b	B_c
1	1	1	0	0
2	2	0	1	0
3	3	1	0	0
4	4	0	1	0
5	5	0	0	1

可以看出轉換後的資料，B 行分成了 B_a、B_b、B_c 共 3 行。其規則如下。

- 當 B 行填入的值為 a 時，轉換後的 B_a 會填入 1，B_b、B_c 則填入 0。
- 當 B 行填入的值為 b 時，轉換後的 B_a 與 B_c 會填入 0，B_b 會填入 1。
- 當 B 行填入的值為 c 時，轉換後的 B_a 與 B_b 會填入 0，B_c 會填入 1。

現在我們從 B 行的變化，已經知道 a、b、c 這 3 個值會因為執行 One-Hot Encoding 而發生什麼樣的轉變了。以更通則化的說法來解釋，就是 One-Hot Encoding 會將一個欄位有 K 個值的狀態改為 K 個欄位，然後在有符合欄位的值去填入 1、其餘填入 0。這種透過 One-Hot Encoding 將資料虛擬化的同時並轉換成變數，因而將建立出來的變數稱為虛擬變數。

在 scikit-learn 當中要執行 One-Hot Encoding 時，會使用 preprocessing 模組的 OneHotEncoder，如果是要在 pandas 當中執行的話則是使用 get_dummies 函式。兩者相較之下，後者的 get_dummies 函式比較順手，加上可以直接運用 pandas 的函式來轉換 DataFrame 這點來說，使用起來也比較直覺。get_dummies 函式的細節已經在本章第 4.2 節當中的「4.2.3 整理資料」（P.151）的部分提過，就不再多贅述，將重點放在說明 OneHotEncoder 類別。

我們要在 scikit-learn 裡面對剛才建立的 DataFrame 裡的 B 行執行 One-Hot Encoding。首先使用 LabelEncoder 執行將 a 改為 1、b 改為 2、c 改為 3 的編碼，接著在 ColumnTransformer 中使用 OneHotEncoder 來執行 One-Hot Encoding。

下面就是實際執行了 scikit-learn 的 compose 模組裡的 ColumnTransformer，去執行 One-Hot Encoding 所傳回的結果。引數 remainder 則是用來指定這時該以什麼方式回傳 One-Hot Encoding 結果，而我們透過指定了 'passthrough' 來直接回傳結果。

In

```
from sklearn.preprocessing import LabelEncoder, OneHotEncoder
from sklearn.compose import ColumnTransformer
# 複製 DataFrame
df_ohe = df.copy()
# 實例化 LabelEncoder
le = LabelEncoder()
# 將英文字母 a、b、c 轉換為 1、2、3
df_ohe.loc[:, 'B'] = le.fit_transform(df_ohe.loc[:, 'B'])
# 實例化 One-Hot Encoder
ohe = ColumnTransformer([("OneHotEncoder",
                          OneHotEncoder(), [1])],
                          remainder='passthrough')
# 執行 One-Hot Encoding
df_ohe = ohe.fit_transform(df_ohe)
df_ohe
```

Out

```
array([[1., 0., 0., 1.],
       [0., 1., 0., 2.],
       [1., 0., 0., 3.],
       [0., 1., 0., 4.],
       [0., 0., 1., 5.]])
```

實例化 ColumnTransformer 的過程中,請注意在對 OneHotEncoder 執行實例化時,需要在參數 categorical_features 中使用串列來指定要轉換的欄位編號。

● 如何對特徵執行標準化

特徵的標準化是種可以統一特徵的大小的處理。假設有個特徵是 2 位數(十位數)的值,但另一個特徵卻是 4 位數(千位數)。這時候後者千位數的特徵會對結果產生較大的影響,而前者僅僅十位數的特徵則會被輕忽。為了要避免類似情況發生,就有必要將兩個特徵調整為相同的尺度。這邊跟各位介紹平均數變異數標準化(Standardization)以及最小最大值標準化(Min-Max Normalization)兩個方法。

平均數變異數標準化（**Standardization**）

平均數變異數標準化，是將特徵轉換為平均數為 0、標準差為 1 的處理。也稱為標準化、或者 z 轉換。公式如下。

$$x' = \frac{x - \mu}{\sigma} \tag{4.3}$$

x 是特徵、x' 是執行了標準化之後的特徵。μ 是特徵的平均數、而 σ 是標準差。

我們建立一個 DataFrame，當中有 2 個直欄放入數值。A 行裡面是整數 1 到 5，B 行一樣是整數，但放入的是 100、200、400、500、800。

In

```python
import pandas as pd
# 建立 DataFrame
df = pd.DataFrame(
    {
        'A': [1, 2, 3, 4, 5],
        'B': [100, 200, 400, 500, 800]
    }
)
df
```

Out

	A	B
0	1	100
1	2	200
2	3	400
3	4	500
4	5	800

接著對這個 DataFrame 執行標準化，我們如下求出每一行的平均數與標準差。

- A 行的平均數計算如下。

$$\frac{1 + 2 + 3 + 4 + 5}{5} = 3 \tag{4.4}$$

標準差計算如下。

$$\sqrt{\frac{1}{5}\{(1-3)^2+(2-3)^2+(3-3)^2+(4-3)^2+(5-3)^2\}}=\sqrt{2}=1.41421356 \qquad (4.5)$$

● B 行的平均數計算如下。

$$\frac{100+200+400+500+800}{5}=400 \qquad (4.6)$$

標準差計算如下。

$$\sqrt{\frac{1}{5}\{(100-400)^2+(200-400)^2+(400-400)^2+(500-400)^2+(800-400)^2\}} \qquad (4.7)$$
$$=\sqrt{60000}=244.94897428$$

接著，我們對 A 行第 2 列的值執行標準化，計算如下。

$$\frac{2-3}{\sqrt{2}}=-\frac{\sqrt{2}}{2}=-0.70710678 \qquad (4.8)$$

然後也別忘了對 B 行第 4 列的值執行標準化。

$$\frac{500-400}{\sqrt{60000}}=0.40824829 \qquad (4.9)$$

在 scikit-learn 當中執行標準化時，會用到 preprocessing 模組的 StandardScaler。運用 fit 求出每一行的平均數與標準差，再以 transform 指定 DataFrame 去進行標準化。將剛剛的 DataFrame 代入這樣的計算流程當中就會像下方一樣，最後再套用 transform 來獲得輸出為 NumPy 陣列的結果。

In

```
from sklearn.preprocessing import StandardScaler
# 實例化標準化
stdsc = StandardScaler()
# 執行標準化
stdsc.fit(df)
stdsc.transform(df)
```

```
array([[-1.41421356, -1.22474487],
       [-0.70710678, -0.81649658],
       [ 0.        ,  0.        ],
       [ 0.70710678,  0.40824829],
       [ 1.41421356,  1.63299316]])
```

如同剛剛透過公式所計算的結果一樣，A 行第 2 列的值是 –0.70710678，B 行第 4 列的值是 0.40824829。

最小最大值標準化（Min-Max Normalization）

最小最大值標準化是讓特徵的最小值變成 0、最大值變成 1 的處理。公式如下。

$$x' = \frac{x - x_{\min}}{x_{\max} - x_{\min}} \tag{4.10}$$

x 是特徵，x' 是最小最大值標準化後的特徵。$x_{\min}$ 是 x 的最小值，$x_{\max}$ 是最大值。

一樣用剛剛的 DataFrame 來執行最小最大值標準化。

- A 行最小值為 1（$x_{\min} = 1$），最大值為 5（$x_{\max} = 5$）
- B 行最小值為 100（$x_{\min} = 100$），最大值為 800（$x_{\max} = 800$）

所以，當我們對 A 行第 2 列的值執行最小最大值標準化時，會是 $\frac{2-1}{5-1} = 0.25$，B 行第 4 列的值會是 $\frac{500-100}{800-100} = 0.57142857$。

在 scikit-learn 當中執行最小最大值標準化時，會用到 preprocessing 模組的 MinMaxScaler。運用 fit 求出每一行的最小值與最大值，再以 transform 指定 DataFrame 去進行最小最大值標準化。將剛剛的 DataFrame 代入這樣的計算流程當中就會是以下的情況。

In

```
from sklearn.preprocessing import MinMaxScaler
# 實例化最小最大值標準化
mmsc = MinMaxScaler()
# 執行最小最大值標準化
mmsc.fit(df)
mmsc.transform(df)
```

Out

```
array([[0.         , 0.         ],
       [0.25       , 0.14285714],
       [0.5        , 0.42857143],
       [0.75       , 0.57142857],
       [1.         , 1.         ]])
```

跟剛才透過公式所計算的結果相同，A 行第 2 列的值是 0.25，B 行第 4 列的值是 0.57142857。

4.4.2　分類

分類是預測並區分資料的「類別（class）」。比方說，依據用戶使用服務的歷史紀錄來將用戶分成「有想退訂」跟「應不會退訂」這兩個類別。分類跟稍後會講解的迴歸都是監督式學習中的典型任務。使用已知類別的資料來進行監督，訓練模型如何將每個資料分配到與其對應的類別中，所以稱之為「監督式學習」。

目前有許多執行分類的演算法，本書將介紹以下三種。

- 支援向量機
- 決策樹
- 隨機森林

● 建立分類模型的流程

要建立分類模型，需要先將手邊的資料集分成用來訓練的部分和用來驗證的部分（ 圖 4.44 ），它們各自被稱為是訓練集（Training Dataset）跟驗證集（Validation Dataset）。使用訓練集來建立分類模型（稱之為訓練），再用做好的模型來針對驗證集進行預測，評估分類模型在面對新鮮樣本時的應對能力（稱之為泛化能力），可達到什麼樣的成效。

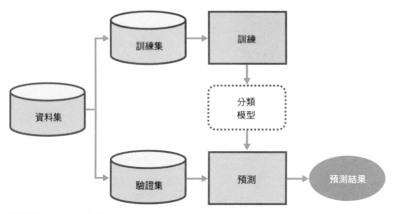

圖 4.44　建立分類模型的流程

不過，這並不意味著一次性地將資料分為訓練集跟驗證集，而是不斷去重複切分訓練集跟驗證集，也就是使用不同的資料組合來驗證訓練模型，這稱為交叉驗證。稍後會再詳述「交叉驗證」（P.254）。

在 scikit-learn 的介面中，我們會用 fit 來訓練，用 predict 來預測。

如何準備訓練集與驗證集

有鑒於接下來時常需要將資料分為訓練集跟驗證集，還是先說明怎麼做才對。另外，鳶尾花資料集也會用到蠻多次，所以一併講解。

In

```
from sklearn.datasets import load_iris
# 讀取鳶尾花資料集
iris = load_iris()
X, y = iris.data, iris.target
# 顯示最前面 5 筆資料
print('X:')
print(X[:5, :])
print('y:')
print(y[:5])
```

Out

```
X:
[[5.1 3.5 1.4 0.2]
 [4.9 3.  1.4 0.2]
 [4.7 3.2 1.3 0.2]
```

```
 [4.6 3.1 1.5 0.2]
 [5.  3.6 1.4 0.2]]
y:
 [0 0 0 0 0]
```

資料集裡包含了 150 張鳶尾花的「花萼」和「花瓣」的長度、寬度，以及花的種類的圖片。在上面的例子中，變數 X 儲存了用來代表花萼跟花瓣的長度和寬度共 4 個解釋變數（特徵）。由於變數 X 是 NumPy 陣列，所以沒有欄位名稱，其含義請參閱 表 4.3 。

表 4.3　鳶尾花資料集的解釋變數（特徵）

欄位編號	名稱	含義
1	Sepal Length	花萼長度
2	Sepal Width	花萼寬度
3	Petal Length	花瓣長度
4	Petal Width	花瓣寬度

另外，變數 y 則是儲存了用來表示鳶尾花種類的目的變數。名稱與含義請參閱 表 4.4 。

表 4.4　鳶尾花資料集的目的變數

名稱	含義
Species	花的種類（有「0」、「1」、「2」三種。「0」是「山鳶尾（Setosa）」、1 是「變色鳶尾（Versicolor）」、2 則是「維吉尼亞鳶尾（Virginica）」，各自有相對應的鳶尾花種類名稱。

當我們需要將資料分成訓練集跟驗證集時，會使用 model_selection 模組的 train_test_split 函式。train_test_split 函式的第 1 個引數是解釋變數（特徵），會放入 NumPy 陣列或是 pandas 的 DataFrame；第 2 個引數則是用來指定 NumPy 陣列或是 pandas 的 Series 的目的變數。test_size 是用來設定驗證集的佔比，而 random_state 則是在分割資料時，用來固定以整數指定的種子。在範例當中我們將驗證集的佔比設定為 30%。再者，本書當中會固定種子，用意是在於方便讀者重現一樣的結果，一般來說是不需要固定的。

```
from sklearn.model_selection import train_test_split
# 分割為訓練集與驗證集
X_train, X_test, y_train, y_test = train_test_split(
                    X, y, test_size=0.3, random_state=123)
print(X_train.shape)
print(X_test.shape)
print(y_train.shape)
print(y_test.shape)
```

```
(105, 4)
(45, 4)
(105,)
(45,)
```

從上述結果得知，變數 X_train 表示訓練集的特徵、大小為 105×4 矩陣，而表示驗證集的變數 X_test 的大小則是 45×4 矩陣，可見在總共 150 張鳶尾花圖片當中，訓練集佔了 70%，剩下的 30% 則是驗證集。另外，表示目的變數的 y_train 與 y_test 的大小則分別為 105 跟 45。

● 支援向量機

支援向量機（support vector machine, SVM）演算法不僅能用在分類、迴歸，就連檢測有無離群值也能派上用場。如 圖 4.45 所示，支援向量機是個將無法使用直線或平面進行分割（稱為線性不可分）的資料映射到更高維度的空間，再透過線性可分來進行分類的演算法。實際上並非真的是映射到高維度空間，而是使用核函式（Kernel Function，在高維度空間計算資料彼此的內積）量化資料之間的距離遠近。

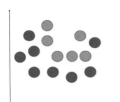 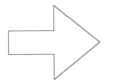 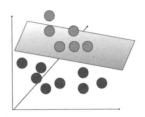

直線無法分割　　　　　　　　　　　　　　　映射到高維度再分割

圖 4.45　支援向量機的思維

接著來說明如何導入支援向量機演算法。首先先從能夠在二維平面明確畫出筆直
界線的範例開始。**圖 4.46** 當中的資料是屬於兩個類別的二維資料。點的形狀為●的
資料屬於類別 0，形狀是 × 的資料則是屬於類別 1。

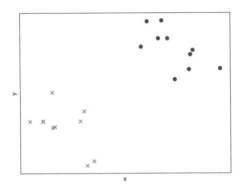

圖 4.46　屬於兩個類別的二維資料

來想看看有什麼樣的直線可以分割這兩類的資料吧。**圖 4.47** 示範了兩種直線的畫
法，不過答案絕對不只一種。

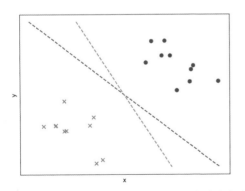

圖 4.47　畫出直線來分割兩個類別的資料的方式

支援向量機能繪製一條直線，使其與最接近的每個類別的資料之間的距離最大化（圖4.48）。這條直線被稱為決策邊界，每個類別的資料被稱為支援向量，而支援向量之間的距離被稱為邊界距離（margin）。支援向量機透過最大化邊界距離來找到決策邊界。最大化邊界距離的用意在於使得決策邊界遠離支援向量，如此一來可以降低有些資料被錯誤分類的風險。透過這種方式，支援向量機能夠具有對未知資料的泛化能力。

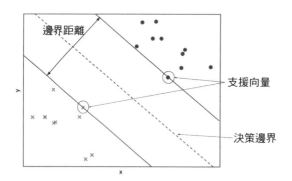

圖4.48 決策邊界與支援向量機

要是直接開始講解支援向量機演算法的細節跟算法，那麼對初學者來說真的難度太高了，也需要不少篇幅來陳述。筆者斗膽認為就在使用 scikit-learn 的過程中，慢慢加深對支援向量機的理解吧！

首先，我們使用以下方式，去建立有 100 個點的資料集（圖4.49）。

- 類別 0：x 軸和 y 軸的值範圍均為 0 到 1 的均勻分布隨機數
- 類別 1：x 軸和 y 軸的值範圍均為 –1 到 0 的均勻分布隨機數

在這次的示範中，使用了 np.random.Generator.uniform（P.111）函式從均勻分布中取樣。在此處，類別 1 的資料生成了 –1 到 0 的值範圍內的均勻分布隨機數。需要注意的是，uniform 函式的引數 low、high 的預設值是 low=0、high=1，因此它生成 0 到 1 之間的均勻隨機數。而類別 0 的資料則是 x 軸和 y 軸均在 0 到 1 的值範圍內，因此它們沒有指定引數 low、high 的值。另外，指定 uniform 函式的引數 size=(100, 2)，是為了產生兩組 100 個資料的 x 軸和 y 軸的值。結果我們以 100×2 矩陣的形式獲得了變數 X0 和 X1。此外，np.repeat 函式生成了一個 NumPy 陣列，這個陣列的第一個引數的值的重複次數，會是第二個引數當中所放入的值。

In

```
import numpy as np
import matplotlib.pyplot as plt
# 固定隨機數種子
rng = np.random.default_rng(123)
# 從值範圍 0 到 1 的均衡分布當中，針對 x 軸和 y 軸取出 100 個點位作為樣本
X0 = rng.uniform(size=(100, 2))
# 生成 100 個類別 0 的標籤
y0 = np.repeat(0, 100)
# 從值範圍 −1 到 0 的均衡分布當中，針對 x 軸和 y 軸取出 100 個點位作為樣本
X1 = rng.uniform(-1.0, 0.0, size=(100, 2))
# 生成 100 個類別 1 的標籤
y1 = np.repeat(1, 100)
# 繪製散佈圖
fig, ax = plt.subplots()
ax.scatter(X0[:, 0], X0[:, 1],
           marker='o', label= 'class 0')
ax.scatter(X1[:, 0], X1[:, 1],
           marker='x', label= 'class 1')
ax.set_xlabel('x')
ax.set_ylabel('y')
ax.legend()
plt.show()
```

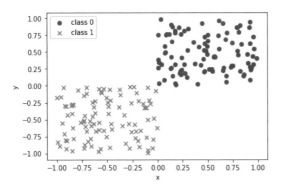

圖 4.49 透過均衡分布隨機數來生成兩個類別的二維資料

接著就要使用支援向量機來執行機器學習了。將 svm 模組的 SVC 實例化，使用 fit 進行訓練。

由於之後會用到蠻多次的關係，所以我們將訓練、決策邊界、邊界距離、支援向量的視覺處理，整理為函式 plot_boundary_margin_sv。函式的引數 kernel 指定為支援向量機的核函式，引數 C 則指定 C 參數（P.233）。然後，我們使用 matplotlib.axes.Axes.contour 函式繪製決策邊界和邊界距離，這個函式能繪製等高線。決策邊界的等高線高度設為 0，通過每個類別的支援向量的直線高度分別設為 -1 和 1。

```python
from sklearn.svm import SVC
# 對訓練、決策邊界、邊界距離、支援向量進行視覺處理的函式
def plot_boundary_margin_sv(X0, y0, X1, y1, kernel, C,
            xmin=-1, xmax=1, ymin=-1, ymax=1 ):
    # 實例化支援向量機
    svc = SVC(kernel=kernel, C=C)
    # 訓練
    svc.fit(np.vstack((X0, X1)), np.hstack((y0, y1)))

    fig, ax = plt.subplots()
    ax.scatter(X0[:, 0], X0[:, 1],
            marker='o', label='class 0')
    ax.scatter(X1[:, 0], X1[:, 1],
            marker='x', label='class 1')
    # 繪製決策邊界跟邊界距離
    xx, yy = np.meshgrid(np.linspace(xmin, xmax, 100),
                        np.linspace(ymin, ymax, 100))
    xy = np.vstack([xx.ravel(), yy.ravel()]).T
    p = svc.decision_function(xy).reshape((100, 100))
    ax.contour(xx, yy, p,
            colors='k', levels=[-1, 0, 1],
            alpha=0.5, linestyles=['--', '-', '--'])
    # 繪製支援向量
    ax.scatter(svc.support_vectors_[:, 0],
            svc.support_vectors_[:, 1],
            s=250, facecolors='none',
            edgecolors='black')
    ax.set_xlabel('x')
    ax.set_ylabel('y')
    ax.legend(loc='best')
    plt.show()
```

運用函式庫實作資料分析

當執行 SVC 的實例化時，C 參數設定為 C=le6（ 圖 4.50 ），這意味著將 C 的值設定為 10^6。

In

```
#  繪製決策邊界、邊界距離、支援向量
plot_boundary_margin_sv(X0, y0, X1, y1,
                        kernel='linear', C=1e6)
```

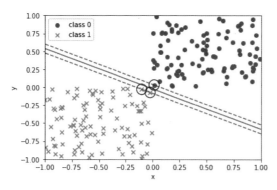

圖 4.50   決策邊界視覺處理（C=le6）

逐一取得每個類別的支援向量，完成了決策邊界的繪製。

剛才提到當執行 SVC 的實例化時，C 參數已經設定為 C=le6。C 是「該將邊界距離設定多寬（或者多窄）」的意思。C 的值越小、則邊界距離越寬，反之當 C 的值越大、則邊界距離越窄。

我們將 C 的設定變更為 C=0.1（ 圖 4.51 ）。

In

```
#  繪製決策邊界、邊界距離、支援向量
plot_boundary_margin_sv(X0, y0, X1, y1,
                        kernel='linear', C=0.1)
```

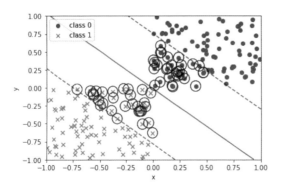

圖 4.51 決策邊界的視覺處理（C=0.1）

與 C=1e6 相較之下，當 C=0.1 時的邊界距離較大，支持向量的數量也有所增加。

接著，我們來看看無法使用直線來分割資料類別的情況。我們針對 x 軸跟 y 軸生成值範圍 0 到 1 之間的 100 個均衡分布隨機數，並進行以下的設定。

- $y > 2(x - 0.5)^2 + 0.5$ 的情況則為類別 1
- $y \leq 2(x - 0.5)^2 + 0.5$ 的情況則為類別 0

可以看到這樣的資料無法只用直線來完全分割類別（ **圖 4.52** ）。

In

```
rng = np.random.default_rng(123)
X = rng.random(size=(100, 2))
y = (X[:, 1] > 2*(X[:, 0]-0.5)**2 + 0.5).astype(int)
fig, ax = plt.subplots()
ax.scatter(X[y == 0, 0], X[y == 0, 1],
           marker='o', label='class 0')
ax.scatter(X[y == 1, 0], X[y == 1, 1],
           marker='x', label='class 1')
ax.legend()
plt.show()
```

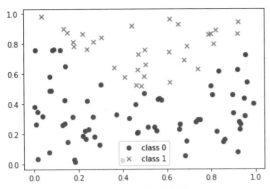

圖 4.52　無法使用直線來分割的資料

所以我們需要學習如何使用支援向量幾來分類這樣的類別。在實例化 SVC 時將參數指定為 kernel='rbf'，並且使用徑向基函式（radial basis function）作為核函式（ 圖 4.53 ）

In

```
# 繪製決策邊界、邊界距離、支援向量
X0, X1 = X[y == 0, :], X[y == 1, :]
y0, y1 = y[y == 0], y[y == 1]
plot_boundary_margin_sv(X0, y0, X1, y1,
                        kernel='rbf', C=1e3, xmin=0, ymin=0)
```

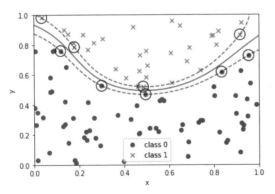

圖 4.53　用徑向基函式作為核函式來分割兩個類別的資料

順利地用以實線繪製的決策邊界為分界，將兩個類別的資料完成了分割。

在以上的範例當中，特徵都是生成 0 以上到 1 以下的隨機數。支援向量機的分類結果，通常很容易會受到絕對值極大的特徵的影響，為此，在使用支援向量機時，建議都要執行本節所講解的標準化（P.221），盡可能地統一特徵的尺度為佳。

● 決策樹

如 圖 4.54 所示，決策樹（decision tree）是依序建立分割資料的規則，來執行分類的演算法。它不僅是機器學習中極具代表性的方法，也由於令人易於理解模型內容的關係而廣為使用。

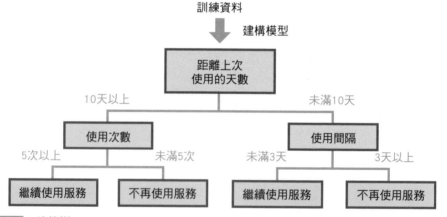

圖 4.54 決策樹

在介紹決策樹之前，先解釋一些日後會使用到的詞彙。所謂「樹」的資料結構是由最上層的「節點」和連接這些節點的「有向邊」所構成。比方說，圖 4.54 的顧客不再使用服務的例子中，「距離上次使用的天數」、「使用次數」和「使用間隔」是節點，而「距離上次使用的天數在 10 天以上」、「使用次數少於 5 次」則是有向邊。此外，可以把樹看成是一個家譜，一個節點可以有子節點，例如「距離上次使用的天數」的子節點是「使用次數」和「使用間隔」。反過來說，一個節點也可以有一個父節點，例如從「使用次數」的角度來看，「距離上次使用的天數」就是父節點。

在樹狀結構的最上層、沒有父節點的節點被稱為根節點（root node），位在最底層且沒有子節點的節點則稱為葉節點（leaf node）。要注意「根」和「葉」的位置關係與我們平時所認知的植物的樹相反。此外，在從根節點到葉節點的路徑上存在的節點數被稱為「樹的深度」，在計算樹的深度時，也要算入葉節點。以 圖 4.54 來說，樹的深度為 2。

在決策樹中，需要決定要使用哪個特徵的哪個值來進行資料分割。為此，需要考慮「進行資料分割可以獲得多少好處」，這稱之為資訊增益（information gain）。說是「好處」稍嫌模糊，畢竟決策樹最初的目的是清晰地分類，因此決策樹中的「好處」就是指更明確地完成分類。但是，這仍然有些模糊不清，再容筆者進一步解釋。

運用決策樹來分割資料時並非是考慮「如何明確地做到分類」，而是必須思考「有幾種類別混雜在一起」，這稱為不純度。然後，透過分割資料來降低不純度，也就是等同於做到了明確地分類。是以這樣的思維來逐步建立起分割的基準的。

資訊增益是拿父節點的不純度，減去子節點的不純度之總和來定義的。

$$資訊增益 = 父節點的不純度 - 子節點的不純度的總和 \tag{4.11}$$

當資訊增益為正時，表示父節點的不純度大於子節點的不純度總和。這意味著父節點當中混雜了更多的類別，因此將節點分裂為子節點會更好。反之，當資訊增益為負時，父節點的不純度小於子節點的不純度總和，這表示父節點中不存在類別混雜。因此不需將節點分裂為子節點。

不純度的指標有吉尼係數、熵、分類錯誤率可以使用。接著說明在 scikit-learn 當中預設的吉尼係數。

吉尼係數表示每個節點被分配錯誤類別的機率。比方說，假設某個節點被分配到類別 0 的機率為 0.6，被分配為類別 1 的機率是剩餘的 0.4。此時，吉尼係數計算如下。

被分配到類別 0 的機率：

$$0.6 \times 0.4 = 0.24 \tag{4.12}$$

被分配到類別 1 的機率：

$$0.4 \times 0.6 = 0.24 \tag{4.13}$$

然後，當我們加總上述兩者機率所得到的結果是 0.48，這就是吉尼係數的值。

若要將以上說明改成以公式來表達，就會變成是公式（4.14）的模樣。類別 0 的機率寫為 $P(0)(= 0.6)$，類別 1 的機率寫成是 $P(1)(= 0.4)$，於是當資料明明該是類別 0、卻被分配到類別 1 時的機率是 $P(0)(1-P(0))$，而資料明明該是類別 1、卻被分配到類別 0 的機率就會是 $P(1)(1-P(1))$。吉尼係數的算式如下。

$$
\begin{aligned}
P(0)(1 - P(0)) + P(1)(1 - P(1)) &= (P(0) + P(1)) - (P(0)^2 + P(1)^2) \\
&= 1 - (P(0)^2 + P(1)^2)
\end{aligned}
\tag{4.14}
$$

最後在改寫算式時用上的想法是 $P(0) + P(1) = 0.6 + 0.4 = 1$。然後我們再加上之前第 3 章所學的算式寫法，就可以得到以下的結果。

$$
1 - (P(0)^2 + P(1)^2) = 1 - \sum_{c=0}^{1} P(c)^2
\tag{4.15}
$$

接著將這算式寫得更通則化些，當存在總共 C 個類別時是（$c = 0, ..., C-1$），將此代入算式來表達吉尼係數。

$$
1 - \sum_{c=0}^{C-1} P(c)^2
\tag{4.16}
$$

再讓我們套用到本節最一開始所舉的決策樹範例，顧客的人數就會變成是下列的情況。

- 總共有 1,000 位顧客，當中離開服務的有 100 位、持續使用服務的顧客剩下 900 位。

- 距離上次使用的天數已經達到 10 天以上的顧客有 600 位，當中離開服務的有 90 位、持續使用服務的顧客剩下 510 位。

- 距離上次使用的天數已經少於 10 天的顧客有 400 位，當中離開服務的有 10 位、持續使用服務的顧客剩下 390 位。

它們節點的吉尼係數分別如下。

$$
\begin{aligned}
\text{父節點的吉尼係數} &= 1 - \left(\left(\frac{100}{1000} \right)^2 + \left(\frac{900}{1000} \right)^2 \right) \\
&= 1 - 0.01 - 0.81 = 0.18
\end{aligned}
\tag{4.17}
$$

$$左側子節點的吉尼係數 = 1 - \left(\left(\frac{510}{600} \right)^2 + \left(\frac{90}{600} \right)^2 \right)$$
$$= 1 - \left(0.85^2 + 0.15^2 \right)$$
$$= 1 - \left(0.7225 + 0.0225 \right) \quad (4.18)$$
$$= 1 - 0.745$$
$$= 0.255$$

$$右側子節點的吉尼係數 = 1 - \left(\left(\frac{10}{400} \right)^2 + \left(\frac{390}{400} \right)^2 \right)$$
$$= 1 - \left(0.04^2 + 0.975^2 \right)$$
$$= 1 - \left(0.000625 + 0.950625 \right) \quad (4.19)$$
$$= 1 - 0.95125$$
$$= 0.04875$$

此時的資訊增益結果為正，因此要再分割決策樹會比較好。

$$0.18 - \frac{600}{1000} \times 0.255 - \frac{400}{1000} \times 0.04875 = 0.18 - 0.153 - 0.0195 = 0.0075 \quad (4.20)$$

使用 scikit-learn 來執行決策樹演算法時，會用 tree 模組的 DecisionTreeClassifier。實例化 DecisionTreeClassifier，然後以 fit 執行訓練。在實例化 DecisionTree Classifier 時可以透過指定 max_depth=3，來將決策樹的最大深度設定為 3。

In

```
from sklearn.datasets import load_iris
from sklearn.model_selection import train_test_split
from sklearn.tree import DecisionTreeClassifier
# 讀取鳶尾花資料集
iris = load_iris()
X, y = iris.data, iris.target
# 分割為訓練集與驗證集
X_train, X_test, y_train, y_test = train_test_split(
                    X, y, test_size=0.3, random_state=123)
# 實例化決策樹（最大深度 =3）
tree = DecisionTreeClassifier(max_depth=3,
                                random_state=123)
# 訓練
tree.fit(X_train, y_train)
```

```
DecisionTreeClassifier(max_depth=3, random_state=123)
```

我們可以使用 pydotplus 函式庫來視覺處理已訓練完成的決策樹。這個函式庫使用了名為 GraphViz 的視覺處理工具，安裝方法再請參閱 Graphviz 網站（https://www.graphviz.org/download/）。如果作業軟體是 Windows，可能需要手動添加環境變數以連接到 GraphViz。

使用以下 pip 指令來安裝 pydotplus 函式庫。

```
(pydataenv)% pip install pydotplus
    Collecting pydotplus
      Using cached pydotplus-2.0.2-py3-none-any.whl
    （中略）
    Installing collected packages: pydotplus
    Successfully installed pydotplus-2.0.2
```

安裝完成後，就可以來繪製決策樹了！從顯示訓練完成的決策樹的物件 tree 中，使用 tree 模組的 export_graphviz 函式來提取 dot 格式的資料。然後使用 pydotplus 模組的 graph_from_dot_data 函式來生成顯示圖形的物件，並使用 write_png 指定文件名稱，進行輸出。

In

```
from pydotplus import graph_from_dot_data
from sklearn.tree import export_graphviz
# 以 dot 格式提取資料
dot_data = export_graphviz(tree, filled=True,
                rounded=True,
                class_names=['Setosa',
                            'Versicolor',
                            'Virginica'],
                feature_names=['Sepal Length',
                              'Sepal Width',
                              'Petal Length',
                              'Petal Width'],
                out_file=None)
```

運用函式庫實作資料分析

```
# 輸出繪製完成的決策樹
graph = graph_from_dot_data(dot_data)
graph.write_png('tree.png')
```

Out

```
True
```

執行上述的程式碼後，我們就會得到一個檔名為 tree.png 的決策樹圖形（ 圖 4.55 ）。

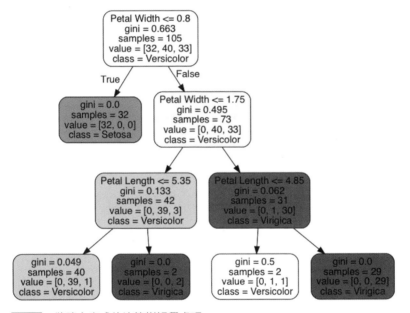

圖 4.55 將建立完成的決策樹視覺處理

以第一個節點的分割來講解如何解讀。

● 最上層的節點根據 Petal Width 是否小於或等於 0.8 來分割資料。在分割之前，
以「value=[32,40,33]」來描述資料中每個類別的數量，這表示 Setosa 有 32 個、
Versicolor 有 40 個、Virginica 有 33 個。Setosa、Versicolor 和 Virginica 分別代
表鳶尾花的三個品種（詳見 P.227 的 表 4.4 ）。在多數決的情況下 Versicolor 是
最多的，「class=Versicolor」顯示了多數決的結果。此外，在此節點內的吉尼係
數可以從「gini=0.663」得知是 0.663。

- 如果 Petal Width 小於或等於 0.8，則轉移到左下子節點，此時 Setosa 的類別數量為 32，Versicolor 和 Virginica 的類別數量均為 0。由於資料中只有 Setosa 類別的資料，因此吉尼係數為 0.0。

- 當 Petal Width 大於 0.8 時則轉移到右下子節點，此時 Setosa 的類別數量為 0，Versicolor 的類別數量為 40、Virginica 的類別數量為 33。吉尼係數為 0.495。

要使用完成訓練的決策樹進行預測時，可以使用 predict。

In

```
# 預測
y_pred = tree.predict(X_test)
y_pred
```

Out

```
array([1, 2, 2, 1, 0, 1, 1, 0, 0, 1, 2, 0, 1, 2, 2, 2, 0,
       0, 1, 0, 0, 1, 0, 2, 0, 0, 0, 2, 2, 0, 2, 1, 0, 0,
       1, 1, 2, 0, 0, 1, 1, 0, 2, 2, 2])
```

從結果可以看到每個樣本都依序以 1, 2, 2, 1, 0,⋯被預測完成。為了要評估這次預測的「好壞與否」，就得要有個方法來確認這些預測值有多正確。細節會在「4.4.5 模型評估方法」來說明（P.251），會是透過比較 y_pred 與 y_test 兩者的值來進行評估。

● 隨機森林

如 圖 4.56 所示，隨機森林（random forest）是一種重複多次使用隨機選擇的樣本和特徵（解釋變數），來建構決策樹的處理過程，並且透過使用每個決策樹的預測結果來執行多數決或平均數，最終做到分類或迴歸的技術。被隨機選擇的樣本和特徵（解釋變數）稱為自助資料（bootstrap data）。隨機森林是集合了許多決策樹，是使用多個學習器進行學習的集成學習（ensemble learning）的其中一個訓練方式。

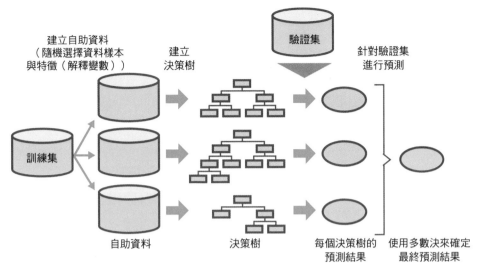

建立自助資料
（隨機選擇資料樣本
與特徵（解釋變數））

建立
決策樹

驗證集

針對驗證集
進行預測

訓練集

自助資料

決策樹

每個決策樹的
預測結果

使用多數決來確定
最終預測結果

圖 4.56　隨機森林

在 scikit-learn 當 中 執 行 隨 機 森 林 時， 使 用 的 是 ensemble 模 組 的
RandomForestClassifier。跟先前所介紹的其他演算法都一樣，使用 fit 來進行訓練、
再用 predict 來針對未知資料執行預測。將 RandomForestClassifier 實例化時，可使
用 n_estimators 參數來指定決策樹的數量。下面的程式碼將數量設定為建立 100 個
決策樹來進行示範。

In

```
from sklearn.ensemble import RandomForestClassifier
# 實例化隨機森林
forest = RandomForestClassifier(n_estimators=100,
                                random_state=123)
# 訓練
forest.fit(X_train, y_train)
# 預測
y_pred = forest.predict(X_test)
y_pred
```

Out

```
array([1, 2, 2, 1, 0, 1, 1, 0, 0, 1, 2, 0, 1, 2, 2, 2, 0,
       0, 1, 0, 0, 1, 0, 2, 0, 0, 0, 2, 2, 0, 2, 1, 0, 0,
       1, 1, 2, 0, 0, 1, 1, 0, 2, 2, 2])
```

從結果可以看到每個樣本都依序以 1, 2, 2, 1, 0,…完成了預測。

🔷 4.4.3　迴歸

迴歸是用一個或多個值（解釋變數、機器學習當中會稱為特徵），來解釋某個值（目標變數）的任務。例如以下的情況就算是迴歸的案例。

- 拿學生的理科考試成績來解釋數學考試成績（解釋變數＝理科考試成績，目標變數＝數學考試成績）。

- 使用房型大小與地點來講解房租金額（解釋變數：房型大小、地點，目標變數：房租金額）。

線性迴歸將目標變數設為 y、解釋變數（特徵）設為 p 個，當有 $x_1,...,x_p$ 時，則：

$$y = a_0 + a_1 x_1 + \cdots + a_p x_p \tag{4.21}$$

來求出資料當中最常解釋的係數 $a_0, a_1, ..., a_p$。方法有最大概似法跟最小平方法，但礙於篇幅就不多贅述。之所以會被稱為線性，是因為可以用一次方程式來表達目標變數 y 跟解釋變數的值。而且線性迴歸在解釋變數為 1 時又稱為簡單線性迴歸，有 2 個以上的解釋變數時則稱為多元線性迴歸。

在 scikit-learn 要執行線性迴歸時，會使用 linear_model 模組的 LinearRegression。下面的範例當中，我們讀取了 California housing 資料集，並將其分為訓練集和驗證集，然後實例化 LinearRegression 來進行訓練。California housing 資料集記錄了美國加州不同街區的房屋價格中位數和 8 個特徵，其中包含了住宅的房間數量平均數、街區人口等。

In

```
from sklearn.linear_model import LinearRegression
from sklearn.datasets import fetch_california_housing
from sklearn.model_selection import train_test_split

# 讀取 California housing 資料集
housing = fetch_california_housing()
X, y = housing.data, housing.target
# 將資料集分割為訓練集跟驗證集
X_train, X_test, y_train, y_test = train_test_split(X, y, test_
size=0.3, random_state=0)
```

```
# 實例化線性迴歸
lr = LinearRegression()
# 訓練
lr.fit(X_train, y_train)
```

Out

```
LinearRegression()
```

對驗證集執行預測時，使用 predict。

In

```
# 預測驗證集
y_pred = lr.predict(X_test)
```

讓我們來將預測結果繪製成散佈圖吧（ 圖 4.57 ）。橫軸放入預測值、縱軸設定為實際值，如果大部分的點都能落在「實際值＝預測值」這條線附近，就可以研判預測的結果是良好的，但結果通常很難說。所以面對不能斷言預測結果良好的情況，就必須要藉由特徵的視覺處理、統計等方式來進行優化。

In

```
import matplotlib.pyplot as plt
# 將橫軸設定為預測值、縱軸設定為實際值，繪製散佈圖
fig, ax = plt.subplots()
ax.scatter(y_pred, y_test)
ax.plot((0, 8), (0, 8),
        linestyle='dashed', color='red')
ax.set_xlabel('predicted value')
ax.set_ylabel('actual value')
plt.show()
```

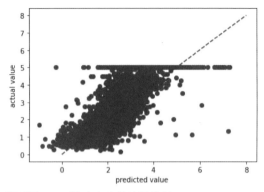

圖 4.57 預測值與實際值的散佈圖

🔷 4.4.4　降維

降維是在極盡可能不要丟失資料所擁有的資訊的情況下，去降低資料的維度並壓縮資料。比方說假設要分析的資料有著多達 10 萬個的特徵，處理這麼龐大的特徵需要非常久的運算時間，且要理解資料也會相當困難。透過降維，可以從原本的 10 萬個特徵中提取出數個到幾十個新特徵，而不會丟失太多資訊。

讓我們來思考看看圖 4.58 中這個二維資料的範例吧！這資料的 x 軸的值是範圍在 0 到 1 之間的均勻分布隨機數，y 軸是平均數為 0、標準差為 1 的常態分布，所產生的隨機數乘以 0.05 後去加總而成的值。

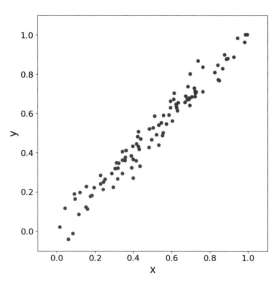

圖 4.58 二維資料

雖說資料多少有些偏差，但可以看到幾乎都集中在 **圖 4.59** 的直線（$y = x$）附近。

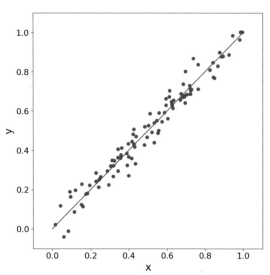

圖 4.59 資料集中在直線（$y = x$）附近

接著如 **圖 4.60** ，我們將這條直線當作新的軸線，把資料投影到直線上。

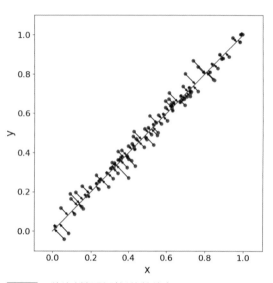

圖 4.60 將資料投影到新的軸線上

我們將新的軸線定為 x'，就獲得了 圖 4.61 。圖中的那條橫線，就是原本拉出的那條直線。看起來要在新的 x' 軸座標去提取資料當中大部分的特徵，應是蠻有希望的！

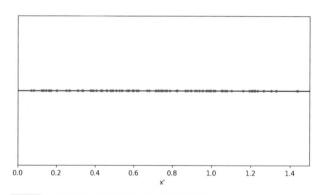

圖 4.61 將資料投影到直線後的單維座標

以上是將二維資料投影成為單維資料的範例。降維就如同剛剛的示範過程所希望傳達給各位的，盡可能地在不丟失資料原本所擁有的資訊為前提，去將資料投影到較低的維度。

● 主成分分析

主成分分析（principal component analysis, PCA）是針對高維度的資料去找出變異數較大的方向（資料較為零散的方向），看是維持原本的維度即可、或者有需要轉換為低維度的方法。

在 scikit-learn 當中要執行主成分分析時，會使用 decomposition 模組的 PCA。以下是簡單的舉例，我們試著生成 50 個二維資料，來練習執行主成分分析（ 圖 4.62 ）。

- x 軸的值是範圍在 0 到 1 之間的均勻分布隨機數

- y 軸的值是將 x 軸的值乘上 2 倍之後，將 0 以上、未滿 1 的均勻分布隨機數乘以 0.5 倍後加總。

In

```python
import numpy as np
import matplotlib.pyplot as plt
# 固定種子
rng = np.random.default_rng(123)
# 生成 0 以上、未滿 1 的均勻分布隨機數
X = rng.uniform(size=50)
# 將 X 乘以 2 倍後，把 0 以上、未滿 1 的均勻分布隨機數乘以 0.5 倍後加總
Y = 2*X + 0.5*rng.uniform(size=50)
# 繪製散佈圖
fig, ax = plt.subplots()
ax.scatter(X, Y)
plt.show()
```

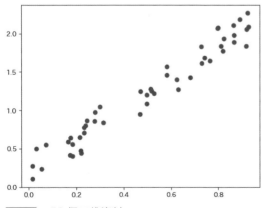

圖 4.62　50 個二維資料

接著就要進入執行主成分分析的環節了。實例化 PCA 類別，並對 fit_transform 指定用來表達資料座標的 NumPy 陣列。這個 NumPy 陣列的列是資料的樣本，行是表示維度，因此這個陣列的形狀會是 50×2 的矩陣。此外，在執行 PCA 的實例化時，我們將引數 n_components 指定為 2，這意味著希望透過主成分分析來轉換為新的 2 個變數。這 2 個變數就叫做主成分，第一個稱為第一主成分、第二個則是第二主成分。再來，這時候是將原本的二維資料轉換為新的二維座標，所以並沒有產生降維。可是我們後續會看到由於主成分分析後的二維座標當中，有一個是比較重要的，為此我們可以講說在這範例當中，是可以使用主成分分析來將資料降維到單維資料的。

In

```
from sklearn.decomposition import PCA
# 實例化主成分的類別
pca = PCA(n_components=2)
# 執行主成分分析
X_pca = pca.fit_transform(np.hstack((X.reshape(-1, 1),
                          Y.reshape(-1, 1))))
```

將執行主成分分析後所獲得的座標繪製成散佈圖（ 圖 4.63 ）。

In

```
# 將執行主成分分析後所獲得的座標繪製成散佈圖
fig, ax = plt.subplots()
ax.scatter(X_pca[:, 0], X_pca[:, 1])
ax.set_xlabel('PC1')
ax.set_ylabel('PC2')
ax.set_xlim(-1.1, 1.1)
ax.set_ylim(-1.1, 1.1)
plt.show()
```

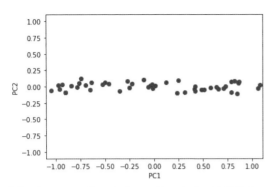

圖 4.63 描繪了第一主成分跟第二主成分的散佈圖

從上述結果得知，新的座標 PC1（橫軸）上資料是較為零散的情況，而 PC2（縱軸）則是較為集中。

4.4.5 模型評估方法

目前已經有許多種方法可以評估運用機器學習建構的模型孰優孰劣，分類跟迴歸也有著各自的評價指標，現在就讓筆者來介紹分類時主要會使用的指標。

在分類當中，資料的類別是否能被正確分類非常重要。為了評估其正確程度，這邊來跟各位說明主要的兩個觀點。

1. 類別的分類精確度

2. 預測機率的正確程度

● 類別的分類精確度

為了量化對資料類別的預測準確度，可以使用精確率（precision）、召回率（recall）、F 值（F-Value）和準確率（accuracy）等指標，這些指標是從混淆矩陣（confusion matrix）中計算得出的。

如 **圖 4.64** 所示，混淆矩陣是將預測和實際的類別標籤組合彙整在一起的表格。在這個範例當中，「陽性」資料屬於感興趣的類別，「陰性」資料屬於不感興趣的類別。比方說，在預測網路服務的用戶是否會取消訂閱的情況中，由於需要判斷哪些用戶對取消訂閱感興趣，因此陽性是已取消訂閱的用戶、陰性則是還沒取消訂閱的用戶。混淆矩陣中的 tp、fp、fn、tn 分別代表以下含義：

- tp：實際為陽性、預測也為陽性的樣本數。True Positive 的縮寫，表示正確地（True）預測出陽性（Positive）（真陽性）。

- fp：實際為陰性、預測為陽性的樣本數。False Positive 的縮寫，表示錯誤地（False）預測為陽性（Positive）（偽陽性）。

- fn：實際為陽性，預測為陰性的樣本數。False Negative 的縮寫，表示錯誤地（False）預測為陰性（Negative）（偽陰性）。

- tn：實際為陰性，預測也為陰性的樣本數。True Negative 的縮寫，表示正確地（True）預測出陰性（Negative）（真陰性）。

		實際	
		陽性	陰性
預測	預測為陽性	tp 預測為陽性 實際上也是陽性	fp 預測為陽性 但實際上是陰性
	預測為陰性	fn 預測為陰性 但實際上是陽性	tn 預測為陰性 實際上也是陰性

圖 4.64 混淆矩陣（順序會跟 scikit-learn 中用來輸出混淆矩陣的 confusion_matrix 函式所輸出的結果有所不同）[※2]

混淆矩陣的精確率、召回率、F 值、以及準確率的定義如下。為了避免過於繁雜，精確率與召回率僅講解陽性的情況。

- 精確率：在預測為陽性的資料中，實際為陽性的資料的比率。
  精確率 = tp/(tp + fp)。
  當精確率越高，就表示預測為陽性、且實際確實為陽性的資料的比率較高。因此當我們希望不要搞錯類別的預測時，就需要特別注重精確率。

- 召回率：在實際為陽性的資料當中，預測為陽性的佔比。
  召回率 = tp/(tp + fn)。

※2 在 scikit-learn 中使用 confusion_matrix 函式計算混淆矩陣，如果不指定引數，第 1 引數跟第 2 引數的元素就會以升冪自動進行排序，所以輸出的結果就會跟 圖 4.64 不一樣，變成從左上開始逆時針方向依序為 tn、fn、tp、fp。務必多加留意。

- F 值：精確率與召回率的調和平均數。F 值 =2/(1/ 精確率 +1/ 召回率) = 2*
  精確率 * 召回率 / (精確率 + 召回率)。
  通常精確率與召回率互為權衡（trade-off）關係，也就是當一方越高、另
  一方將會越低。如果目標是想讓雙方的指標都能達到更為平衡的數值，
  那個計算結果為兩者的調和平均數的 F 值就是一個相當重要的指標。

- 準確率：不分陽性或陰性，僅用來表示預測與實際為一致的資料的佔比。
  準確率 = (tp + tn)/(tp + fp + fn + tn)。

在下面的範例中，我們讀取鳶尾花資料集後分割為訓練集跟驗證集，並且針對訓
練集使用支援向量機來執行訓練，最後使用驗證集來進行預測。

這邊要用到鳶尾花資料集的前 1000 筆，至於程式碼當中的 iris.data[:100, :] 和 iris.
target[:100] 這段，則是代表從三種鳶尾花當中去使用 0:Setosa 與 1:Versicolor 這兩
種的意思。

In

```python
from sklearn.datasets import load_iris
from sklearn.svm import SVC
from sklearn.model_selection import train_test_split
# 讀取鳶尾花資料集
iris = load_iris()
X, y = iris.data[:100, :], iris.target[:100]
# 分割為訓練集、驗證集
X_train, X_test, y_train, y_test = train_test_split(
                    X, y, test_size=0.3, random_state=123)
# 實例化 SVM
svc = SVC()
# 使用 SVM 進行訓練
svc.fit(X_train, y_train)
# 使用驗證集進行預測
y_pred = svc.predict(X_test)
```

scikit-learn 的 metrics 模組當中的 classification_report 函數，可以很方便地用來輸
出預測結果的精確率、召回率、F 值。

In

```python
from sklearn.metrics import classification_report
# 輸出精確率、召回率、F 值
print(classification_report(y_test, y_pred))
```

	precision	recall	f1-score	support
0	1.00	1.00	1.00	15
1	1.00	1.00	1.00	15
accuracy			1.00	30
macro avg	1.00	1.00	1.00	30
weighted avg	1.00	1.00	1.00	30

從結果可以看到縱向的「0」、「1」、「accuracy」、「macro avg」、「weighted avg」這 5 個分別在橫向有著「precision」、「recall」、「f1-score」、「support」共 4 個值，它們所代表的意思如下。

- 縱向的「0」是類別 0，「1」是類別 1，「accuracy」是類別 0 加上類別 1 的準確率，「macro avg」是宏平均（Macro Average），「weighted avg」則是加權平均。宏平均是使用每個類別的平均數，去計算出橫向每個指標的值。加權平均則是拿所屬類別的指標值，去乘以所屬類別的資料筆數（=「support」直欄）並加總，然後再除以資料總筆數，去計算出橫向每個指標的值。

- 橫向的「precision」是精確度，「recall」是召回率，「f1-score」是 F 值，「support」是資料數量。

那我們現在知道了，縱向的「1」的結果就意味著類別 1 的精確率、召回率、F 值皆為 1.00，且資料筆數為 15 筆。要特別注意的是，這邊之所以精確率、召回率、F 值都是 1.00，是因為這次的範例相當單純所致。一般而言它們應該都會是不同的值。

交叉驗證

為了要執行上述說明的評估，機器學習通常會使用交叉驗證（cross validation），它是不斷地將資料集去分割為訓練集跟驗證集，並進行多次的模型建構與評估。交叉驗證有好幾種方法，這邊跟各位介紹常用的 k 折交叉驗證（k-fold cross validation）。假設我們將資料分成 10 份，當中的 9 份作為訓練集、剩下 1 份留著當作驗證集，這樣就稱為 10 折交叉驗證（10-fold cross validation）（圖 4.65 ）。而當目標變數（類別標籤）的類別比例相同時的 k 折交叉驗證，有個特別的稱呼叫做分層 k 折交叉驗證（stratified k-fold cross validation）。

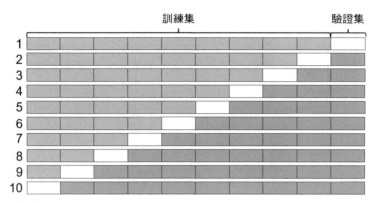

圖 4.65 10 折交叉驗證

在 scikit-learn 當中執行交叉驗證的簡便方式,就是使用 model_selecton 模組的 cross_val_score 函式,而這也能執行分層 k 折交叉驗證。在接下來的範例中,我們針對鳶尾花資料集的總體去進行 10 折交叉驗證。cross_val_score 函式的引數 cv 指定要拆分的數量、scoring 指定評價指標。可以從 scoring='precision' 看到選用的指標是精確率。如果想要使用其他指標,可將指定的內容換為召回率 'recall'、F 值 'f1- score'、準確率 'accuracy'。

In

```
from sklearn.svm import SVC
from sklearn.model_selection import cross_val_score
# 實例化支援向量機
svc = SVC()
# 執行 10 折交叉驗證
cross_val_score(svc, X, y, cv=10, scoring='precision')
```

Out

```
array([1., 1., 1., 1., 1., 1., 1., 1., 1., 1.])
```

從結果可以看出,回傳了元素數量為 10 的 NumPy 陣列,這代表了交叉驗證當中的 10 個評價指標,也告訴我們在這次的演練當中,所有的精確率都是 1。

交叉驗證經常會跟超參數微調來搭配使用,後續在「4.4.6 超參數調教」(P.262)會進行說明。

● 預測機率的正確程度

預測機率的正確程度，有著所謂 ROC 曲線（Receiver Operating Characteristic）這個量化指標，以及依此所計算出的 AUC（Area Under the Curve）。運用這些指標來計算出每個資料符合陽性的機率，且依照機率由大到小進行資料排序時就可以量化究竟有多正確了。或許有人會問：照順序去排列機率的正確程度是什麼？這其實就是預測機率較高的資料所代表的事件容易發生，而預測機率較低的事件相對不容易發生的狀態。以下用實際的例子來說明。

表 4.5 是預測 25 位用戶（樣本）是否會取消訂閱服務的機率，這機率我們將它稱為「預計取消訂閱的機率」。就拿第一位來說，預計取消訂閱的機率是 0.98，這表示預測到他有 98% 的機率會取消訂閱。表中依據預計取消訂閱的機率由高到低（降冪）來排序用戶之外，加上已知用戶實際上「取消訂閱」跟「繼續使用服務」的事實來做對照。從彙整的結果看到總共有 11 位用戶取消了訂閱，而有 14 位用戶持續使用著服務。

表 4.5 每個用戶預計取消訂閱的機率

	預計取消訂閱的機率	實際情況		預計取消訂閱的機率	實際情況
1	0.98	取消訂閱	14	0.38	持續使用服務
2	0.95	取消訂閱	15	0.35	持續使用服務
3	0.90	持續使用服務	16	0.31	取消訂閱
4	0.87	取消訂閱	17	0.28	取消訂閱
5	0.85	持續使用服務	18	0.24	持續使用服務
6	0.80	持續使用服務	19	0.22	持續使用服務
7	0.75	取消訂閱	20	0.19	取消訂閱
8	0.71	取消訂閱	21	0.15	持續使用服務
9	0.63	取消訂閱	22	0.12	持續使用服務
10	0.55	持續使用服務	23	0.08	取消訂閱
11	0.51	持續使用服務	24	0.04	持續使用服務
12	0.47	取消訂閱	25	0.01	持續使用服務
13	0.43	持續使用服務			

ROC 曲線的基本概念是將資料依照機率由高到低進行排序,並且預測機率高於每個資料的機率都是陽性,然後計算實際陽性資料數量佔所有陽性總數的比例(真陽性率)、和明明是陰性卻誤判為陽性的資料數量佔所有陰性總數比例(偽陽性率)。在持續去處理資料的過程中,在調整陽性和陰性的預測機率的閾值的過程中,去計算真陽性率和偽陽性率,將它們分別繪製在縱軸和橫軸上,就完成了 ROC 曲線。閾值是指當超過或低於該值時,行為、狀態、判斷等會發生變化的值。一樣讓我們再拿上面的例子來說明。

依據預計取消訂閱的機率,照順序來檢視第 1 筆資料、第 2 筆、第 3 筆,…,直到第 25 筆資料,來觀察陽性跟陰性是否已經都被涵蓋。這邊陽性跟陰性的涵蓋率就會對應到剛才介紹的真陽性率和偽陽性率。

- 第 1 個用戶已經取消訂閱,它佔了總共 11 個陽性當中的 1 個。因此,真陽性率 =1/11,偽陽性率 =0/14

- 觀察前 2 個用戶,它們佔了總共 11 個陽性當中的 2 個。因此,真陽性率 =2/11,偽陽性率 =0/14

- 觀察前 3 個用戶,它們佔了總共 11 個陽性當中的 2 個、以及佔了 14 個陰性內的 1 個。因此,真陽性率 =2/11,偽陽性率 =1/14

 (中間的分析就容筆者省略)

- 觀察前 24 個用戶,11 個陽性當中佔了 11 個,14 個陰性當中則佔了 13 個。因此,真陽性率 =11/11,偽陽性率 =13/14

- 觀察前 25 個用戶,11 個陽性當中佔了 11 個,14 個陰性當中則佔了 14 個。因此,真陽性率 =11/11,偽陽性率 =14/14

接著將每個用戶資料的偽陽性率、真陽性率彙整到 表 4.6 。

表 4.6　每個用戶資料的偽陽性率、真陽性率

	預計取消訂閱的機率	實際情況	偽陽性率	真陽性率
1	0.98	取消訂閱	0/14	1/11
2	0.95	取消訂閱	0/14	2/11
3	0.90	持續使用服務	1/14	2/11
4	0.87	取消訂閱	1/14	3/11
5	0.85	持續使用服務	2/14	3/11
6	0.80	持續使用服務	3/14	3/11

	預計取消訂閱的機率	實際情況	偽陽性率	真陽性率
7	0.75	取消訂閱	3/14	4/11
8	0.71	取消訂閱	3/14	5/11
9	0.63	取消訂閱	3/14	6/11
10	0.55	持續使用服務	4/14	6/11
11	0.51	持續使用服務	5/14	6/11
12	0.47	取消訂閱	5/14	7/11
13	0.43	持續使用服務	6/14	7/11
14	0.38	持續使用服務	7/14	7/11
15	0.35	持續使用服務	8/14	7/11
16	0.31	取消訂閱	8/14	8/11
17	0.28	取消訂閱	8/14	9/11
18	0.24	持續使用服務	9/14	9/11
19	0.22	持續使用服務	10/14	9/11
20	0.19	取消訂閱	10/14	10/11
21	0.15	持續使用服務	11/14	10/11
22	0.12	持續使用服務	12/14	10/11
23	0.08	取消訂閱	12/14	11/11
24	0.04	持續使用服務	13/14	11/11
25	0.01	持續使用服務	14/14	11/11

ROC 曲線的橫軸是偽陽性率，縱軸是真陽性率。我們要透過下面這段程式碼來描繪 ROC 曲線。

在程式碼當中，首先要建立偽陽性率與真陽性率的 ndarray 陣列。變數名稱分別為 fpr（false positive rate）、tpr（true positive rate）。fpr 是 表 4.6 「偽陽性率」的分子串列轉換為 NumPy 陣列後，除以分母 14；tpr 是針對 表 4.6 的「真陽性率」去做跟前述一樣的處理。然後就能繪製橫軸為 fpr 偽陽性率，縱軸是 tpr 真陽性率的折線圖（ 圖 4.66 ）。

In

```python
import numpy as np
import matplotlib.pyplot as plt
# 計算偽陽性率與真陽性率
fpr = np.array([0, 0, 0, 1, 1, 2, 3, 3, 3, 3, 4, 5, 5, 6,
                7, 8, 8, 8, 9, 10, 10, 11, 12, 12, 13, 14])/14
tpr = np.array([0, 1, 2, 2, 3, 3, 3, 4, 5, 6, 6, 6, 7, 7,
                7, 7, 8, 9, 9, 9, 10, 10, 10, 11, 11, 11])/11
# 繪製 ROC 曲線
fig, ax = plt.subplots()
ax.step(fpr, tpr)
ax.set_xlabel('false positive rate')
ax.set_ylabel('true positive rate')
plt.show()
```

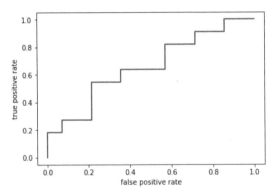

圖 4.66　ROC 曲線

ROC 曲線的下半部，可以看作是以橫軸方向為寬、以縱軸方向為長的長方形的集合體。像是最左邊的長方形的寬是 1/14、長是 2/11，因此面積就會是 1/14×2/11。而當我們去求出所有的長方形面積時，就能得到 AUC。

$$\text{AUC} = \frac{1}{14}\times\frac{2}{11}+\frac{2}{14}\times\frac{3}{11}+\frac{2}{14}\times\frac{6}{11}+\frac{3}{14}\times\frac{7}{11}+\frac{2}{14}\times\frac{9}{11}+\frac{2}{14}\times\frac{10}{11}+\frac{2}{14}\times\frac{11}{11}=0.6558442 \qquad (4.22)$$

AUC 的值越靠近 1，就代表整體的趨勢是機率相對來說較高的樣本為陽性、相對較低的為陰性。此時，可以單看機率來區分陽性跟陰性。具有優秀的類別分類能力的模型，就能像這樣透過機率來研判資料的情況，也就是說我們可以使用 AUC 來比較不同模型之間哪一個較為「優良」。

另一方面，當 AUC 值越靠近 0.5 時，就無法單看機率來區分陽性與陰性，因為那是陽性與陰性隨機混雜在一起的狀態。

用來繪製 ROC 曲線的真陽性率、偽陽性率，可以使用 metrice 模組的 roc_cruve 函式來計算。下面的程式碼就是針對將剛才的 25 位用戶是否已取消訂閱的標籤、預計取消訂閱的機率放入 roc_cruve 函式，算出真陽性率、偽陽性率跟閾值。

In

```
from sklearn.metrics import roc_curve
# 每位用戶是否已取消訂閱的標籤
labels = np.array([1, 1, 0, 1, 0, 0, 1, 1, 1, 0, 0, 1, ➡
0, 0, 0, 1, 1, 0, 0, 1, 0, 0, 1, 0, 0])
# 每位用戶預計取消訂閱的機率
probs = np.array([0.98, 0.95, 0.9, 0.87, 0.85,
                  0.8, 0.75, 0.71, 0.63, 0.55,
                  0.51, 0.47, 0.43, 0.38, 0.35,
                  0.31, 0.28, 0.24, 0.22, 0.19,
                  0.15, 0.12, 0.08, 0.04, 0.01])
# 計算偽陽性率、真陽性率、閾值
fpr, tpr, threshold = roc_curve(labels, probs)
print('偽陽性率: ', fpr)
print('真陽性率: ', tpr)
```

Out

```
偽陽性率:    [0.          0.          0.          0.07142857 0.07142857
             0.21428571 0.21428571 0.35714286 0.35714286 0.57142857
             0.57142857 0.71428571 0.71428571 0.85714286 0.85714286
             1.          ]
真陽性率:    [0.          0.09090909 0.18181818 0.18181818 0.27272727
             0.27272727 0.54545455 0.54545455 0.63636364 0.63636364
             0.81818182 0.81818182 0.90909091 0.90909091 1.
             1.          ]
```

一樣將算出來的偽陽性率、真陽性率、閾值繪製成 ROC 曲線（ 圖 4.67 ）。

運用函式庫實作資料分析

In

```
# 繪製 ROC 曲線
fig, ax = plt.subplots()
ax.step(fpr, tpr)
ax.set_xlabel('false positive rate')
ax.set_ylabel('true positive rate')
plt.show()
```

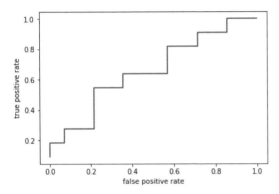

圖 4.67 ROC 曲線

接著運用 mertics 模組的 roc_auc_score 函式來計算 AUC。我們在 roc_auc_score 函式的第一個引數放入類別標籤、第二個引數用來指定機率。

In

```
from sklearn.metrics import roc_auc_score
# 計算 AUC
roc_auc_score(labels, probs)
```

Out

```
0.6558441558441558
```

AUC 的計算結果是 0.6558⋯。

◈ 4.4.6 超參數調教

機器學習演算法當中有著被稱為超參數的參數，它在訓練的時候還無法決定該是什麼值，而是需要在訓練之外的地方由使用者來指定數值。例如決策樹當中的樹的深度該為多少、或是隨機森林裡要有多少數量的決策樹等，都屬於超參數的範疇。

超參數調教最具代表性的方法是網格搜尋（grid search）與隨機搜尋（random search），本書僅針對前者進行講解。網格搜尋是指定超參數的組合範圍，並使用訓練集來進行後，拿驗證集來預測以找出最佳值的方法。網格搜尋特別常跟交叉驗證一起搭配使用，做法上是針對超參數的組合範圍去分割為訓練集和驗證集，並重複地去執行訓練與評價。接著就來使用 GridSearchCV 類別來練習怎麼找出決策樹深度的最佳值吧！我們先載入鳶尾花資料集，並分割為訓練集跟驗證集，然後再用 DecisionTreeClassifier 將決策樹實例化，並且透過實例化 GridSearchCV 來執行 10 折交叉驗證，求出決策樹的最佳深度。決策樹的深度我們打算讓程式從3、4、5 當中來選擇，而為了避免 GridSearchCV 每次執行的結果都不一樣，所以必須要在 GridSearchCV 的 param_grid 引數去指定引數名稱之外，還要以字典形式指定對應到值的串列。

In

```
from sklearn.datasets import load_iris
from sklearn.model_selection import GridSearchCV, ➡
train_test_split
from sklearn.tree import DecisionTreeClassifier

# 載入鳶尾花資料集
iris = load_iris()
X, y = iris.data, iris.target
# 分割為訓練集與驗證集
X_train, X_test, y_train, y_test = train_test_split(
                    X, y, test_size=0.3, random_state=123)
# 實例化決策樹
clf = DecisionTreeClassifier(random_state=123)
param_grid = {'max_depth': [3, 4, 5]}
# 執行 10 折交叉驗證
cv = GridSearchCV(clf, param_grid=param_grid, cv=10)
cv.fit(X_train, y_train)
```

運用函式庫實作資料分析

Out

```
GridSearchCV(cv=10, estimator=DecisionTreeClassifier(),
             param_grid={'max_depth': [3, 4, 5]})
```

再來要使用 best_params_ 來找出決策樹的最佳深度為何。

In

```
# 找出最佳的深度
cv.best_params_
```

Out

```
{'max_depth': 3}
```

算出來的最佳深度是 3。剛才也有提到，由於 10 折交叉驗證每次執行的結果都不盡相同，因此每次執行之後的「最佳深度」可能也會不一樣。

接著我們用 best_estimator_ 來找出最佳的模型。

In

```
# 找出最佳模型
cv.best_estimator_
```

Out

```
DecisionTreeClassifier(max_depth=4)
```

最後拿最佳模型來執行 predict 進行預測。

In

```
# 預測驗證集的類別標籤
y_pred = cv.predict(X_test)
y_pred
```

Out

```
array([1, 2, 2, 1, 0, 2, 1, 0, 0, 1, 2, 0, 1, 2, 2, 2, 0, 0, 1, 0,
       0, 1, 0, 2, 0, 0, 0, 2, 2, 0, 2, 1, 0, 0, 1, 1, 2, 0, 0, 1,
       1, 0, 2, 2, 2])
```

預測出的類別標籤結果是 1, 2, 2, 1, 0, ⋯。

🔷 4.4.7　集群分析

經常在「非監督式學習」當中被視為是典型任務的集群分析，是設定某個基準去計算資料之間的相似性，並將資料進行分群（分組）。「非監督式」意指沒有正確答案的資訊，所以獲得的分群也沒有一定是否恰當的答案，也因此需要每次都仰賴工程師或資料分析師來進行判斷。

那麼就來為各位講解集群分析演算法當中的 k 平均（k-means）分群法與階層式分群法吧！

● k 平均（k-means）分群法

如 圖 4.68 所示，k 平均（k-means）分群法會依照以下的流程來對資料進行集群分析。

1. 將每個資料隨機賦予叢集標籤，並將屬於每個叢集的資料中心當作該叢集的中心（也有針對每個叢集隨機賦予中心的方法）。

2. 將距離叢集中心最靠近的資料標上該叢集的標籤。

3. 為標上了相同叢集標籤的資料們重新建立一個新的叢集中心。

重複執行到叢集的中心完成收斂。

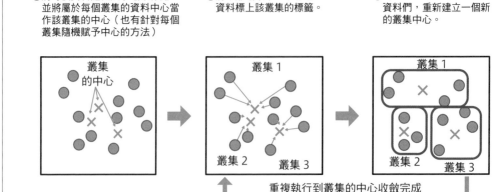

① 將每個資料隨機賦予叢集標籤，並將屬於每個叢集的資料中心當作該叢集的中心（也有針對每個叢集隨機賦予中心的方法）

② 將距離叢集中心最靠近的資料標上該叢集的標籤。

③ 為標上了相同叢集標籤的資料們，重新建立一個新的叢集中心。

重複執行到叢集的中心收斂完成

圖 4.68　k-means 流程

一樣用鳶尾花資料集來練習集群分析。為了讓結果可以更顯而易見，我們打算從三種鳶尾花當中選了兩種出來使用，最終以二維平面的方式來進行確認。挑出資料集當中的前 100 筆資料，接著把第一行跟第三行這 2 個變數提取出來。回顧 P.227 講解鳶尾花資料集的 表4.3 ，可以知道第一行與第三行分別是 Sepal Length（花萼長度）跟 Petal Length（花瓣長度）。

In

```
from sklearn.datasets import load_iris
# 讀取鳶尾花資料集
iris = load_iris()
data = iris.data
# 提取第一、第三行的資料
X = data[:100, [0, 2]]
```

接著繪製這 2 個變數的二維散佈圖（ 圖4.69 ）。

In

```
import matplotlib.pyplot as plt
# 繪製散佈圖
fig, ax = plt.subplots()
ax.scatter(X[:, 0], X[:, 1])
ax.set_xlabel('Sepal Width')
ax.set_ylabel('Petal Width')
plt.show()
```

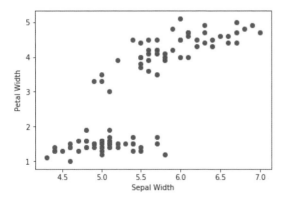

圖4.69　鳶尾花資料集的散佈圖

可以在縱軸 Petal Width 為 2 以下的範圍內發現有叢集存在。驗證集群分析結果的方法之一，就是讓我們可以看出某個範圍將會被如何切分開來。

我們嘗試以叢集數量為 3 來執行 k-means（ 圖 4.70 ）。實例化 cluster 模組的 KMeans，將資料放入 fit_predict 當中去執行集群分析。fit_predict 會同時執行 fit 跟 predict，也就是一口氣完成訓練跟預測，而 fit_predict 所回傳的值就會是每個資料的叢集編號。

In

```
from sklearn.cluster import KMeans
# 實例化叢集數量為 3 的 KMeans
km = KMeans(n_clusters=3, init='k-means++', n_init=10,
            random_state=123)
# 執行 KMeans
y_km = km.fit_predict(X)
```

表 4.7 是 KMeans 類別的引數含義。

表 4.7　KMeans 類別的引數

引數	說明
n_clusters	叢集的數量
init	給予初始值的方式。上述範例中是指定預設值 'k-means++'，因此執行之後最初的叢集中心是被放在比較偏的位置上。如果指定 'random'，則會隨機產生隨機數的初始值
n_init	執行 k-means 的次數
max_iter	重複執行 k-means 次數的最大值
tol	判斷 k-means 收斂的容許誤差值
random_state	為了固定種子所指定的整數

In

```
import numpy as np
fig, ax = plt.subplots()
# 散佈圖 ( 叢集 1)
ax.scatter(X[y_km == 0, 0], X[y_km == 0, 1], s=50,
          edgecolor='black', marker='s', label='cluster 1')
# 叢集中心 ( 叢集 1)
ax.plot(np.mean(X[y_km == 0, 0]),
        np.mean(X[y_km == 0, 1]),
        marker='x', markersize=10, color='red')
# 散佈圖 ( 叢集 2)
ax.scatter(X[y_km == 1, 0], X[y_km == 1, 1], s=50,
          edgecolor='black', marker='o', label= 'cluster 2')
# 叢集中心 ( 叢集 2)
ax.plot(np.mean(X[y_km == 1, 0]),
        np.mean(X[y_km == 1, 1]),
        marker='x', markersize=10, color='red')

# 散佈圖 ( 叢集 3)
ax.scatter(X[y_km == 2, 0], X[y_km == 2, 1], s=50,
          edgecolor='black', marker='v', label='cluster 3')
# 叢集中心 ( 叢集 3)
ax.plot(np.mean(X[y_km == 2, 0]),
        np.mean(X[y_km == 2, 1]),
        marker='x', markersize=10, color='red')
ax.set_xlabel('Sepal Width')
ax.set_ylabel('Petal Width')
ax.legend()
plt.show()
```

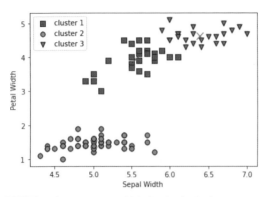

圖 4.70 使用 k-means 執行集群分析的結果

縱軸 Petal Width 為 2 以下的範圍形成了叢集（cluster 1），在這之外的範圍則分成了兩個叢集。每個叢集的中心都以 × 來表示。

● 階層式分群法

階層式分群法主要可分為聚合型與分裂型。聚合型階層式分群法會先建立相似資料的小叢集，再彙整相似的叢集們，一直重複到最終統整成一個大叢集為止。可謂是「一步一腳印」。另一方面，分裂型階層式分群法則是在一開始時將所有資料都視為是同一個叢集，逐次去分裂叢集。本書是針對聚合型階層式分群法來說明。

要在 scikit-learn 當中執行聚合型階層式分群法，會使用 cluster 模組的 AgglomerativeClustering 類別。那麼就開始練習吧！資料之間的距離會採用歐幾里德距離，分群的方法則選用最長距離法，並且打算在最後要提取出 3 個叢集。如果對歐幾里德距離稍微不熟悉，可以回顧第 3 章第 3.2 節當中的「3.2.1 向量與運算」的內容（P.063）。另外，最長距離法則是在結合兩個叢集時，將所屬叢集的資料當中彼此距離最遠的距離，當作是叢集的距離。

In

```
from sklearn.cluster import AgglomerativeClustering
# 實例化聚合型階層式分群法
ac = AgglomerativeClustering(n_clusters=3,
                affinity='euclidean', linkage='complete')
# 執行分群，取得每個類別的叢集編號
labels = ac.fit_predict(X)
labels
```

Out

```
array([1, 1, 1, 1, 1, 1, 1, 1, 1, 1, 1, 1, 1, 1, 1, 1, 1,
       1, 1, 1, 1, 1, 1, 1, 1, 1, 1, 1, 1, 1, 1, 1, 1, 1,
       1, 1, 1, 1, 1, 1, 1, 1, 1, 1, 1, 1, 1, 1, 1, 1, 2,
       2, 2, 0, 2, 0, 2, 0, 2, 0, 0, 0, 0, 2, 0, 2, 0, 0,
       2, 0, 2, 0, 2, 2, 2, 2, 2, 2, 2, 0, 0, 0, 0, 2, 0,
       2, 2, 2, 0, 0, 0, 2, 0, 0, 0, 0, 0, 2, 0, 0])
```

依據上面聚合型階層式分群法的執行結果，我們要來繪製樹狀圖（dendrogram）。
繪製樹狀圖時可以使用 SciPy 函式庫裡的 cluster.hierarchy.dendrogram 函式來繪圖
（ 圖 4.71 ）。

In

```
import numpy as np
from scipy.cluster.hierarchy import dendrogram
# 提取與小叢集之間的關係
children = ac.children_
# 提取叢集之間的距離
distance = np.arange(children.shape[0])
# 每個資料的觀測編號
no_of_observations = np.arange(2, children.shape[0]+2)
# 往垂直方向將小叢集、叢集之間的距離、觀測編號進行結合
linkage_matrix  = np.hstack((children,
        distance.reshape(-1, 1),
        no_of_observations.reshape(-1, 1))).astype(float)
# 繪製樹狀圖
fig, ax = plt.subplots(figsize=(15, 3), dpi=300)
dendrogram(linkage_matrix, labels=np.arange(100),
           leaf_font_size=8, color_threshold=np.inf)
plt.show()
```

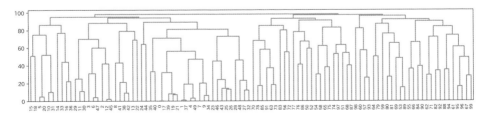

圖 4.71　階層式分群法的樹狀圖

當我們顯示了樹狀圖的全貌時，文字就會較難閱讀，所以這邊有稍微放大些。從這張樹狀圖可以看出，縱軸的值較小、相連的叢集較快完成結合，而當值較大時則會較晚進行合併。比方說，從左邊起算第 3、4 個索引，就比第 5、20 的資料來得更早被合併，且看到更後面的索引 10 與 31 合併的時候，在縱軸的值已經結合到 50 左右了。

以上就是使用 scikit-learn 來進行機器學習的基礎內容講解。scikit-learn 是比較有可能因為版本的差異，而造成類別跟函式的模組有所不同的函式庫。因此建議各位可以從下方的官方網站確認穩定運行最新 API 的是哪個版本。

● **API Reference**

URL http://scikit-learn.org/stable/modules/classes.html

近年來的機器學習函式庫

近年來，Python 被視為是最主要的機器學習程式語言，因此如雨後春筍般地開發出了許多深度學習與機器學習的函式庫，讓大家在執行這些任務時更加容易。以下介紹一些主要的函式庫。

● **深度學習函式庫**

PyTorch、Tensorflow 和 Tensorflow 的包裝器 Keras，都是著名的深度學習函式庫。由於這些函式庫都有著活躍的社群，因此隨著深度學習在學術研究和商業應用中的發展，它們變得非常成熟。此外，這些函式庫的許多資源都可以在網路上找到。

● PyTorch（https://pytorch.org/）

PyTorch 是由 Meta（原為 Facebook）的人工智慧研究所 FAIR（Facebook Artificial Intelligence Research）所開發的框架。PyTorch 使用了高維度陣列資料「張量」結構來構建「計算圖」。PyTorch 張量的操作與 NumPy 陣列相似，因此熟悉 NumPy 的使用者無須花費太多時間就能熟練地運用 PyTorch。再加上它採用了「define by run」的方式來構建計算圖，並採以神經網路的形式來輸入資料，所以非常容易 debug。另外，它還有著可以直覺地描述循環神經網路（recurrent neural network, RNN）的優點。像是 Uber 的機率編程框架 Pyro（https://pyro.ai/）和用來作為 HuggingFace 的圖像、自然語言處理、語音等深度學習模型的銜接介面 Transformers（https://huggingface.co/docs/transformers），都是使用 PyTorch 開發的函式庫。

● Tensorflow（https://www.tensorflow.org/?hl=ja）

Tensorflow 是由 Google 開發的框架，且也使用張量作為資料結構來構建計算圖。原先在 Tensorflow ver.1 中，它採用了「define and run」的方式，在輸入資料計算之前先構建神經網路。不過從 Tensorflow ver.2 開始採用了「Eager Execution」，也就是與 PyTorch 相同的「define by run」的方式。

● Keras（https://keras.io/ja/）

Tensorflow 的包裝器 Keras 是 Python 的函式庫，能直覺地描述神經網路，是一個特別適合作為深度學習和 Python 開發入門的函式庫。由於 Keras 是 Tensorflow 的包裝器，導致有著執行速度會比 PyTorch 跟 Tensorflow 慢的問題，但在不需要太高的執行效能的情況下，仍然足夠實用。

其實，選擇使用哪個函式庫，應該是根據工作環境和個人喜好進行調整。一般來說 PyTorch 用於學術研究，而 Tensorflow 和 Keras 則被廣泛使用在商業應用。由於許多最新論文所提到的應用通常會在 GitHub 等地方以 PyTorch 的形式提供，因此如果自身需求上得要獲取這類的資訊時，選擇 PyTorch 也是個不錯的選擇。此外，如果不知道該怎麼選擇函式庫時，可以先選擇較直覺的 Keras，之後根據需要再評估換到 PyTorch 或 Tensorflow 也行。

● **方便的機器學習函式庫**

本書主要介紹了使用 scikit-learn 進行機器學習和資料科學。不過，由於方便的函式庫還不只這些，因此就在這邊用些篇幅來稍作介紹。

● PyCaret（https://pycaret.org/）

書中的「4.4.1 預處理」、「4.4.5 模型評估方法」、「4.4.6 超參數調教」這些章節，分別介紹了怎麼對資料進行預處理、使用驗證集評估完成訓練的模型的方法跟指標，以及訓練時如何調教超參數。PyCaret 可以自動化這些資料管道，並使用如決策樹、支援向量機、隨機森林等多個演算法，並對每個演算法的多個超參數進行模型評估，選出最佳模型。PyCaret 不僅可以大大地減少建構模型的工作量，甚至被認為是適合執行近年來備受關注的「AutoML」（機器學習自動化）的函式庫之一。

● mlxtend（http://rasbt.github.io/mlxtend/）

由《Python 機器學習》的作者 Sebastian Raschka 所開發的 mlxtend，是一個支援資料分析和機器學習的函式庫。比方說，可以簡單地使用一個函式繪製訓練模型的決策邊界（特徵空間中的每個類別邊界或區域）和學習曲線（根據訓練資料大小來顯示訓練集和驗證集的精確度曲線），這除了可以減少我們試圖了解已經訓練完成的模型有何特性時所需的工作量之外，它還提供了名為「堆疊」的方法能輕鬆地將多個模型組合在一起。有關 mlxtend 的使用方法，可以參閱方才提到的《Python 機器學習》。

雖然剛剛介紹的不是機器學習演算法，但筆者認為也算是機器學習分析資料過程中相當方便的函式庫。對個別的演算法有興趣的讀者，可以進一步去了解看看像是 XGBoost（https://xgboost.readthedocs.io/）、LightGBM（https://lightgbm.readthedocs.io/）、CatBoost（https://catboost.ai/）等近年來經常用在分類和迴歸的函式庫。

應用：
蒐集、處理資料

實務上在執行資料分析時，除了會用到前面的章節所學會的 Python 分析工具跟基礎數學之外，重點還需要知道如何蒐集資料、並將資料轉換成能以自然語言或圖像等可分析的資料類型。在第 5 章當中會講解如何從網站獲得需要的資料的網頁抓取，以及透過處理自然語言跟圖像的技巧讓資料變成適用於機器學習演算法的型態，去進行後續的運用。

5.1 網頁抓取

網路上充斥著大量的資訊，非常適合用來找尋資料分析的素材，無奈資料分析工具難以直接使用 HTML 跟 WEB 瀏覽器上的資料格式。本節當中會學到如何使用 Python 建立網頁抓取的程式，藉此知道如何獲取想要的網頁資料。

5.1.1 什麼是網頁抓取

網頁抓取就是從網路上的網頁獲得需要的資訊。由於網路上的資料都是為了給人看而創造出來的內容，所以無論是形式或狀態都無法直接讓程式理解。大部分的網頁都使用 HTML 來描述，造成了用來表示文字大小、顏色、排版等 HTML 標籤與內容的文字是彼此穿插、混雜在一起的複雜結構。這也是我們不容易從 HTML 去擷取部分資料來放入程式當中的原因。

為了要讓程式可以讀懂網頁內容，將必要的元素取出的動作，就稱為網頁抓取，這也是很常用的資料蒐集方法之一。

5.1.2 準備好執行網頁抓取的環境

接著要先來準備好執行網頁抓取的環境，我們要在虛擬環境 pydataenv 當中去安裝兩個第三方套件。

```
(pydataenv) % pip install requests==2.28.1
(pydataenv) % pip install beautifulsoup4==4.11.1
```

以下是我們安裝完成的套件。

● Requests

Requests 是以不透過瀏覽器的方式去存取網站，並使用 HTTP 來傳送與接收資訊。

● 官方網站
URL https://requests.readthedocs.io/

● Beautiful Soup 4

Beautiful Soup 4 是用來分析 HTML 跟 XML，將資料提取出來的函式庫。要注意別犯下指定「pip install beautifulsoup」的錯誤，這樣會安裝到舊版本。

● 官方網站

URL　https://www.crummy.com/software/BeautifulSoup/bs4/doc/

5.1.3　下載網頁

首先以敝公司的銷售書籍的網站「SEshop.com」為例，來練習使用 Requests 取得網頁資訊（ 圖 5.1 ）。

● SEshop.com

URL　https://www.seshop.com/

圖 5.1　SEshop.com 首頁

匯入 requests，將網址 URL 指定給 get 函式，就能產生並回傳儲存了該網址資訊的 Response 物件。

```
import requests

r = requests.get('https://www.seshop.com/')  # 存取網址
print(type(r))
print(r.status_code)  # 確認 Status Code
```

結果如下，可以看到已經成功（200）存取網站了。

```
<class 'requests.models.Response'>
200
```

再來要取得網頁內容（HTML），並取得 <title> 標籤與 <h2> 標籤的元素。

```
text = r.text  # 取得 HTML 的原始碼
for line in text.split('\n'):
    if '<title>' in line or '<h2>' in line:
        print(line.strip())
```

輸出結果如下，可以看到已經正確地取得了 HTML 的內容。不過網站內容可能隨時調整，各位在練習時務必對照當下的網站資訊來進行確認。

```
<title>SEshop ｜ 翔泳社の本・電子書籍通販サイト </title>
<h2> 新刊書籍 <span class="pull-right links"><a href="/ ➡
product/1/"><span class="glyphicon glyphicon-chevron- ➡
right"></span> 一覧を見る </a></span></h2>
（省略）
<h2> 新着記事 </h2>
```

5.1.4 抓取網站內的元素

剛才使用 in 運算子執行了字串處理，已經從 HTML 取得了想要的元素。當然也有其他方法像是正規表示式可以用，但是要隨意地從複雜的 HTML 抓取元素還是有點難度。因此可以嘗試分析 HTML 語法，以便更容易找到元素。

Beautiful Soup 4 能夠分析 HTML 語法，抓取想要的元素（例如標籤）。下面的程式碼就來練習嘗試取得剛剛的 HTML 的 <titile> 標籤等元素。

In

```
from bs4 import BeautifulSoup

# 生成已經分析了 HTML 的 BeautifulSoup 物件
soup = BeautifulSoup(text, 'html.parser')
print(soup.title)  # <title> 取得標籤資訊
print(soup.h2)  # <h2> 取得標籤資訊
# h2 標籤中的 a 標籤的 href 屬性
print(soup.h2.a["href"])
```

Out

```
<title>SEshop | 翔泳社の本・電子書籍通販サイト </title>
<h2>新刊書籍 <span class="pull-right links"><a href="/ ➡
product/1/"><span class="glyphicon glyphicon-chevron- ➡
right"></span> 一覧を見る </a></span></h2>
/product/1/
```

使用 BeautifulSoup 物件的 find_all，就能將引數所指定的標籤從 HTML 當中抓取出來。再來要將網頁內所有的 <a> 標籤取出來，並且顯示數量。然後再取得最前面 5 筆資料的字串與 href 屬性內容（這裡的執行結果也可能因為 HTML 結構有所不同，而無法出現與書中範例完全相同的結果）。

In

```
atags = soup.find_all('a')  # 取得所有的 a 標籤
print('a タグの数:', len(atags))  # 取得 a 標籤的數量
for atag in atags[:5]:
    print('タイトル:', atag.text)  # 取得 a 標籤的文字
    print('リンク:', atag['href'])  # 取得 a 標籤的連結
```

a 標籤數量： 259
標題：
連結：/
標題： 会員登録
連結：https://www.seshop.com/regist/
標題： ログイン
連結：#modalLogin
標題： ヘルプ
連結：/help
標題：会員登録
連結：https://www.seshop.com/regist

5.1.5 抓取書籍列表

現在已經知道 Requests 跟 Beautiful Soup 4 的基本用法了，就讓我們開始來演練網頁抓取吧！在 SEshop 上有可以篩選類別、進而顯示書籍列表的網頁。我們打算寫一段程式碼，從 Python 書籍列表的頁面去取得書名跟價格。

● **Python 書籍列表**

URL https://www.seshop.com/product/616

圖 5.2 是 Python 書籍列表的頁面，我們要抓取以下的資訊：

● 標題：書名

● 圖片連結：書籍的圖片

● 連結：書籍詳細說明的頁面連結

● 售價：銷售價格

● 日期：發售日

圖 5.2 Python 書籍列表的頁面

在開始寫程式之前，記得要先確認 HTML 的結構。以下是書籍列表的 HTML 結構。

```
<section>
  <div class="row list"><div class="col-md-4  col-sm-6">
    <div class="inner">
      <a href="/product/detail/25331">
      <figure class="ribbon-corner">
      <img class="img-responsive" src="/static/ ➡
images/product/25331/L.png" alt="Python によるあたらしい ➡
データ分析の教科書　第2版 ">
      <span class="release"> 予定 </span>
      </figure>
      </a>
      <div class="txt">
        <p><a href="/product/detail/25331">Python に ➡
よるあたらしいデータ分析の教科書　第2版 </a></p>
        <p class="price"> 販売価格：2,838円（税込）</p>
        <span class="date">2022.10.24 発売 </span>
        </div>
```

```
            <div class="product-data" data-title="Python に ➡
よるあたらしいデータ分析の教科書　第 2 版 " data-products-id= ➡
"176610" data-price="2838" data-category=" 書籍 / ➡
コンピュータ書 / プログラミング /Python" data-list="Python 一覧 " ➡
data-position="1" style="display:none;width:0;height: ➡
0;"></div>
        </div>
      </div>
          <div class="col-md-4  col-sm-6">
        <div class="inner">
        <a href="/product/detail/25063">
        <figure class="ribbon-corner">
        <img class="img-responsive" src="/static/ ➡
images/product/25063/L.png" alt="PyTorch で作る！深層学習 ➡
モデル・AI アプリ開発入門 ">
        <span class="release"> 予定 </span>
        </figure>
        </a>
        <div class="txt">
            <p><a href="/product/detail/25063">PyTorch で ➡
作る！深層学習モデル・AI アプリ開発入門 </a></p>
            <p class="price"> 販売価格：3,520 円（税込）</p>
            <span class="date">2022.09.05 発売 </span>
            </div>
        <div class="product-data" data-title="PyTorch で ➡
作る！深層学習モデル・AI アプリ開発入門 " data-products-id="173390"
data-price="3520" data-category=" 書籍 / コンピュータ書 / ➡
人工知能・数学 " data-list="Python 一覧 " data-position="2" ➡
style="display:none;width:0;height:0;"></div>
        </div>
      </div>
（省略）
  </div>
</section>
```

從這 HTML 結構，我們可以看出：

● 書籍列表在 <div class="row list"> 裡面

● <div class="inner">~</div> 是用來顯示一本書

- <img> 標籤放了 src 屬性的圖片連結

- 書籍的文字資訊在 <div class="txt">~</div> 裡面

- 書名的連結在 <a> 標籤內

- 售價的資訊在 <p class="price">~</p>

- 發售日的資訊在 <span class="date">~</span>

接下來就要使用這些資訊來抓取資料，我們在 books 串列中以字典格式放入每本書籍的資訊。

使用 BeautifulSoup 物件的 select，可以將標籤指定為 CSS 選擇器。在下面的程式碼當中，為了要取得所有書籍的 <div class="inner">，都有使用到 select。

In

```python
from datetime import datetime

import requests
from bs4 import BeautifulSoup

r = requests.get("https://www.seshop.com/product/616")
soup = BeautifulSoup(r.text, "html.parser")

books = []    # 放入每本書籍資訊的串列

# 使用 CSS 選擇器取得 <div class="list"> 當中的 <div class="inner">
divs = soup.select("div.list div.inner")
for div in divs:
    img_url = div.find("img")["src"]
    # 取得日期字串
    day = div.find("span", class_="date").text.strip()
    day = day.replace(" 発売", "")
    # 將日期轉換為 datetime
    published = datetime.strptime(day, "%Y.%m.%d")

    div_txt = div.find("div", class_="txt")
    a_tag = div_txt.find("a")  # 取得 a 標籤
    title = a_tag.text.strip()  # 取得書名
    url = a_tag["href"]  # 取得書籍連結
```

```
# 取得售價
price_s = div_txt.find("p", class_="price").text
price_s = price_s.strip()
price_s = price_s.replace("販売価格：", "")
price_s = price_s.replace("円（税込）", "")
price_s = price_s.replace(",", "")
price = int(price_s)

book = {
    "title": title,
    "img_url": img_url,
    "url": url,
    "price": price,
    "published": published,
}
books.append(book)
```

透過最前面 3 本書的資訊，我們知道已經順利且正確地抓取了網頁的內容，並且將資料都存放到串列當中。

In

```
books[:3]
```

Out

```
[{'title': 'Python によるあたらしいデータ分析の教科書 第2版',
  'img_url': '/static/images/product/25331/L.png',
  'url': '/product/detail/25331',
  'price': 2838,
  'published': datetime.datetime(2022, 10, 24, 0, 0)},
 {'title': 'PyTorch で作る！深層学習モデル・AI アプリ開発入門',
  'img_url': '/static/images/product/25063/L.png',
  'url': '/product/detail/25063',
  'price': 3520,
  'published': datetime.datetime(2022, 9, 5, 0, 0)},
 {'title': 'テスト駆動 Python 第2版',
  'img_url': '/static/images/product/25262/L.png',
  'url': '/product/detail/25262',
  'price': 3300,
  'published': datetime.datetime(2022, 8, 30, 0, 0)}]
```

再來就是比照下面的操作，將書籍列表的資料放入 DataFrame，這樣資料就變成了可以執行分析的格式了。

In

```
import pandas as pd

df = pd.DataFrame(books)   # 將字典轉換為 DataFrame
df.head()
```

Out

0	Pythonによるあたらしいデータ分析の教科書 第2版	/static/images/product/25331/L.png	/product/detail/25331	2838	2022-10-24
1	PyTorchで作る！深層学習モデル・AI アプリ開発入門	/static/images/product/25063/L.png	/product/detail/25063	3520	2022-09-05
2	テスト駆動Python 第2版	/static/images/product/25262/L.png	/product/detail/25262	3300	2022-08-30
3	Python1年生 第2版 体験してわかる！会話でまなべる！プログラミングのしくみ	/static/images/product/25005/L.png	/product/detail/25005	2178	2022-08-04
4	Pythonで動かして学ぶ！あたらしい機械学習の教科書 第3版	/static/images/product/25020/L.png	/product/detail/25020	2970	2022-07-19

雖然這邊只嘗試去抓取了第一頁的書籍資料，但只要再稍微優化程式，就會變成可以做到以下事情的網頁抓取程式囉。

- 由於第一頁只顯示了 21 本書，於是我們讓程式也取得下一頁的資訊，以便獲得所有書籍的資訊

- 存取每一本書的連結，獲得書籍介紹的內容（例如作者、ISBN、書籍尺寸、頁數等）

- 下載書籍的照片

5.1.6　執行網頁抓取時的注意事項

在練習當中學會了怎麼使用 Python 抓取網頁後，筆者想來談談實際在執行網頁抓取時需要注意的事情。

首先，要確認網站有沒有允許程式進行存取。網站上都會有 robots.txt 檔，當中會明確定義程式該從哪個連結（URL）來存取網頁。

robots.txt 的細節可以參閱 Google 搜尋中心的「robots.txt 簡介」的說明。

● **robots.txt 簡介**

URL　https://developers.google.com/search/docs/advanced/robots/intro

第二，請不要連續地存取同一個網站。當我們用程式去連續地取得網站的內容，意味著網站被大量地進行存取，這會導致伺服器的負載過高，甚至導致網站掛掉，影響到其他人的權益。如果真的有多次存取同一個網站的需要時，請務必加入幾秒鐘的間隔來進行存取。

5.1.7　抓取了資料，然後呢？

接著介紹幾個在抓取網頁時對各位蠻有幫助的資訊。

遇到 JavaScript 時的因應方式

使用方才講解的 Requests 與 Beautiful Soup 4 的搭配，無法取得使用 JavaScript 顯示的內容資訊。比方說 Google 搜尋引擎就是以 JavaScript 來顯示搜尋結果的頁面，所以我們用 Requests 所取得的 HTML 資訊當中不會包含搜尋結果。

而為了要取得 JavaScript 顯示的內容資訊，就需要在網頁瀏覽器解釋 JavaScript。

於是我們需要下面這些工具：

- Selenuim
  自動操作網頁瀏覽器的函式庫

- 無頭瀏覽器
  沒有圖形用戶介面的瀏覽器，這要使用 Selenuim 來操作

- **Selenium**
  URL https://www.seleniumhq.org/

網頁爬蟲框架：Scrapy

當我們有需要針對大量的頁面去進行網頁抓取時，Scrapy 框架可以幫上我們很大的忙。

- **Scrapy**
  URL https://scrapy.org/

用 Python 寫出來的 Scrapy，不僅能對多個網頁進行爬蟲，還能從網頁抓取資訊。

使用時也別忘了稍早在「5.1.6　執行網頁抓取時的注意事項」提過，記得確認 robots.txt 並且設定好存取網站的時間間隔。

5.2 自然語言處理

舉凡提取文本當中的單詞、又或是從文本推測主題，機器學習被應用在自然語言處理上的案例不勝枚舉。接下來將透過說明語素分析（將文本分割成語素，這是語言當中具有語意的最小單元）、以及運用語素分析的結果去統計詞袋（Bag of Words）、計算 TF-IDF 特徵等方法，來達到判斷文本情感是肯定語意或否定語意的目標，也就是情緒判斷（正向或負向情緒）。

5.2.1 安裝要用的函式庫

以下是在 Python 裡執行自然語言處理的函式庫。

- mecab-python3（https://pypi.org/project/mecab-python3/）
  MeCab（http://taku910.github.io/mecab/）是京都大學研究所情報學研究科與 NTT 溝通科學基礎研究所，共同開發的開源語素分析引擎。而 mecab-python3 是 MeCab 的 Python 包裝器函式庫。

- Janome（http://mocobeta.github.io/janome/）
  Janome 是一個內建字典的 Python 語素分析引擎，它沒有依附任何函式庫，可以輕鬆安裝。

- SudachiPy（https://github.com/WorksApplications/SudachiPy）
  SudachiPy 是由 Works Applications 的 Works 德島人工智慧 NLP 研究所開發的語素分析函式庫，它具有持續更新字典、提供多個分割單位給輸入文本、標準化單詞標註等特色。

- Gensim（https://radimrehurek.com/gensim/）
  Gensim 是一個執行文本主題模型（推斷文本主題的模型）的函式庫，提供了 Word2Vec 等方法。Word2Vec 是使用深度學習將單詞標註轉換為分詞的向量。藉由以向量來表達，可以計算單詞之間的相似度，以及進行加減等關聯性運算。

- NLTK（https://www.nltk.org/）
  NLTK 是個全面支援自然語言處理的函式庫，處理英文的權杖化時通常都會選用它。

- spaCy（https://spacy.io/）

  spaCy 是使用 Python 和 Cython 開發的函式庫，支援多種語言，並提供高級自然語言處理功能。

- GiNZA（https://megagonlabs.github.io/ginza/）

  GiNZA 是以 spaCy 為基礎所開發而來的日文自然語言處理函式庫，由國立國語研究所和 Recruit 企業合作研發，支援權杖化、識別專有名詞、詞性標記、語法分析等多種任務。

除 了 上 述 之 外， 其 他 還 有 像 是 Transformers（https://huggingface.co/docs/transformers/main/en/index）跟 AllenNLP（https://allenai.org/allennlp）函式庫，也都可以應用在最新的深度學習模型。

現在讓我們來安裝 mecab-python3 與 gensim。

不過在安裝 mecab-python3 之前，需要先安裝 MeCab。另外，如果是在 Windows 安裝 MeCab 時，可能會發生 MeCab 執行檔 PATH 的環境變數沒有設定的情況，需要手動完成設定。為了避免 JupyterLab 產生亂碼，需要指定「UTF-8」。在 MeCab 的官方網站有講解 UNIX 跟在 Windows 的 MeCab 的安裝方法。本書當中主要講解是 macOS 的安裝方式。

● MeCab 官方網站

URL http://taku910.github.io/mecab/#install

在 終 端 機 執 行 brew 指 令 來 安 裝 mecab-ipadic，這 是 MeCab 的 字 典，且 由 於 與 MeCab 相互依附的關係，所以 MeCab 的本體跟 mecab 都會同時進行安裝。

要在 macOS 環境下進行安裝，可以先安裝 macOS 的套件管理工具 Homebrew，後續會比較方便。開啟終端機並執行以下指令就能完成安裝。

● Homebrew

URL https://brew.sh/

```
% /bin/bash -c "$(curl -fsSL https://raw. ➡
githubusercontent.com/Homebrew/install/HEAD/install.sh)"
```

當安裝 Homebrew 出現以下訊息時，請依照訊息指示執行 2 個指令。

```
==> Next steps:
- Run these two commands in your terminal to add ➡
Homebrew to your PATH:
    echo 'eval "$(/opt/homebrew/bin/brew shellenv)"' >> ➡
/Users/libro/.zprofile
    eval "$(/opt/homebrew/bin/brew shellenv)"
- Run brew help to get started
- Further documentation:
    https://docs.brew.sh
```

執行 brew 指令，安裝 mecab-ipadic。

```
% brew install mecab-ipadic
```

要想從 Python 使用 MeCab，需要安裝 mecab-python3 函式庫。我們在虛擬環境中去執行 pip 指令，將函式庫安裝完成。

```
(pydataenv) % pip install mecab-python3
```

gensim 也是透過 pip 指令來進行安裝。

```
(pydataenv) % pip install gensim
```

⬤ 5.2.2　語素分析

接著說明如何使用 MeCab 來執行語素分析。有兩種方法，一種是用終端機執行 mecab 指令，另一種是使用 mecab-python3 函式庫。

⬤ mecab 指令

在終端機執行 mecab 指令後，隨意地輸入一些文本。

這裡筆者輸入了「吾輩は猫である（我是貓）」。

```
% mecab
吾輩は猫である
吾輩      名詞 , 代名詞 , 一般 ,*,*,*, 吾輩 , ワガハイ , ワガハイ
は        助詞 , 係助詞 ,*,*,*,*, は , ハ , ワ
猫        名詞 , 一般 ,*,*,*,*, 猫 , ネコ , ネコ
で        助動詞 ,*,*,*, 特殊・ダ , 連用形 , だ , デ , デ
ある      助動詞 ,*,*,*, 五段・ラ行アル , 基本形 , ある , アル , アル
EOS
```

上面是輸入了文本之後的語素分析結果。對了，如果是 Windows 的環境，可能會因為有安裝 UTF-8 字典的關係而導致亂碼。

可以看出文本當中所包含的語素以逐列的方式來顯示，並且使用逗號來區分詞性及應用變化型態。在每一列的最後 3 個元素當中，則是顯示了標準化之後（將單詞改為原型，並轉換為基本型的處理）的語素（＝原型）。

這樣的輸出是以下方的方式。

表層形式   品詞 , 品詞細分類 1, 品詞細分類 2, 品詞細分類 3, 活用型 , 活用形 , ➡
原形 , 讀法 , 發音

欲結束 MeCab，請按 [control] ＋ [C]。

○ mecab-python3 函式庫

再來我們要使用 mecab-python3 函式庫執行語素分析。實例化 Tagger 類別，以字串方式對 parse 指定文本。別忘了在實例化 Tagger 時要在引數指定 '-Ochasen'。都做到之後就可以使用 ChaSen 工具來輸出語素分析了。對了，後續都會在 JuputerLab 當中去執行。

In

```python
import MeCab
text = ' 吾輩は猫である '
# 以 Chasen 格式輸出語素分析結果
t = MeCab.Tagger('-Ochasen')
result = t.parse(text)
print(result)
```

吾輩	ワガハイ	吾輩	名詞 – 代名詞 – 一般		
は	ハ	は	助詞 – 係助詞		
猫	ネコ	猫	名詞 – 一般		
で	デ	だ	助動詞	特殊・ダ	連用形
ある	アル	ある	助動詞	五段・ラ行アル	基本形
EOS					

變數 result 當中會以字串方式來存放語素分析的執行結果。

```
# 確認語素分析結果
result
```

' 吾輩 \t ワガハイ \t 吾輩 \t 名詞 – 代名詞 – 一般 \t\t\n は \t ハ \t は \t 助詞 ➡
– 係助詞 \t\t\n 猫 \t ネコ \t 猫 \t 名詞 – 一般 \t\t\n で \t デ \t だ \ ➡
t 助動詞 \t 特殊・ダ \t 連用形 \n ある \t アル \t ある \t 助動詞 \t 五段・ ➡
ラ行アル \t 基本形 \nEOS\n'

稍後也會提到，我們會蠻常需要從語素分析的結果去提取表層形式、原形等資訊。為了達成這個目的，必須先將上述結果以換行 ('\n') 來分為多列，接著再用 tab 鍵 ('\t') 作為分隔符號將每個元素切分開來。而最後一列通常是 EOS（End Of Sentence），因此不需要執行元素切割。

```
# 將語素分析結果換行，分割為每一列
results = result.splitlines()
# 將 EOS 這列排除在外
for res in results[:-1]:
    # 以 tab 來區分開每個元素
    res_split = res.split('\t')
    print(res_split)
```

Out

```
[' 吾輩 ', ' ワガハイ ', ' 吾輩 ', ' 名詞 – 代名詞 – 一般 ', ' ', ' ']
[' は ', ' ハ ', ' は ', ' 助詞 – 係助詞 ', ' ', ' ']
[' 猫 ', ' ネコ ', ' 猫 ', ' 名詞 – 一般 ', ' ', ' ']
[' で ', ' デ ', ' だ ', ' 助動詞 ', ' 特殊・ダ ', ' 連用形 ']
[' ある ', ' アル ', ' ある ', ' 助動詞 ', ' 五段・ラ行アル ', ' 基本形 ']
```

5.2.3　Bag of Words（BoW）

Bag of Words（BoW）是依據每個文本的語素分析結果，去計算單詞出現的數量。嚴格來說，語素是比單詞還要更小的單位，不過在這段講解當中我們僅以單詞來進行示範。

接下來的範例中，我們會使用 MeCab 來對這以下 3 個文本進行語素分析。

- 子供が走る（小孩在跑）

- 車が走る（車子在跑）

- 子供の脇を車が走る（車子在小孩旁邊跑）

In

```
import MeCab

documents = [' 子供が走る ', ' 車が走る ', ' 子供の脇を車が走る ']

words_list = []

# 以 Chasen 輸出格式來顯示語素分析結果
t = MeCab.Tagger('-Ochasen')
# 對每個文本執行語素分析
for s in documents:
    s_parsed = t.parse(s)
    words_s = []
    # 將每個文本的語素彙整為串列
    for line in s_parsed.splitlines()[:-1]:
        words_s.append(line.split('\t')[0])
    words_list.append(words_s)

print(words_list)
```

```
[['子供', 'が', '走る'], ['車', 'が', '走る'], ➡
['子供', 'の', '脇', 'を', '車', 'が', '走る']]
```

計算 BoW 時，會以橫列為文本、直行為單詞的矩陣格式來存放每個文本的單詞出現次數，所以我們必須要建立讓單詞與整數一對一匹配的字典，讓每個單詞與所相對應的直行來建構起關聯性。

In

```
# 建立字典
word2int = {}
i = 0
# 對每個文本的單詞串列反覆進行處理
for words in words_list:
    # 對文本內的每個單詞反覆進行處理
    for word in words:
        # 如果單詞沒有在字典內，則追加單詞並賦予相對應的整數
        if word not in word2int:
            word2int[word] = i
            i += 1
print(word2int)
```

Out

```
{'子供': 0, 'が': 1, '走る': 2, '車': 3, 'の': 4, ➡
'脇': 5, 'を': 6}
```

從結果可以看到單詞已經與整數互相匹配在一起了。

- '子供' 是整數 0

- 'が' 是整數 1

- '走る' 是整數 2

我們拿這個結果來計算 BoW，生成文本 × 單詞的矩陣。

In

```
import numpy as np
# 計算 BoW，生成文本 × 單詞的矩陣
```

```
bow = np.zeros((len(words_list), len(word2int)),
               dtype=int)
# 提取每一列的單詞，計算單詞出現的次數
for i, words in enumerate(words_list):
    for word in words:
        bow[i, word2int[word]] += 1
print(bow)
```

Out

```
[[1 1 1 0 0 0 0]
 [0 1 1 1 0 0 0]
 [1 1 1 1 1 1 1]]
```

這個矩陣代表了 3 個文本當中 7 個單詞所出現的次數。雖然因為沒有欄位名稱，導致不知道是哪些單詞出現幾次，不過我們可以透過將其轉換為 pandas 的 DataFrame、並賦予欄位名稱來讓資料更易於理解。

In

```
import pandas as pd
pd.DataFrame(bow, columns=list(word2int))
```

Out

	子供	が	走る	車	の	脇	を
0	1	1	1	0	0	0	0
1	0	1	1	1	0	0	0
2	1	1	1	1	1	1	1

● 使用 gensim 函式庫來計算

剛才我們將運用 MeCab 語素分析結果，去計算每個文本內的單詞出現次數。接著來向各位說明如何使用 gensim 函式庫來執行 Bag of Words 的計數功能。

首先要用 gensim 函式庫建立字典，透過實例化 corpora 模組當中的 Dictionary 就能建立。此時要將引數指定為變數 words_list。

```
from gensim import corpora
# 建立字典
word2int_gs = corpora.Dictionary(words_list)
print(word2int_gs)
```

```
Dictionary<7 unique tokens: ['が', '子供', '走る',  ➡
'車', 'の']...>
```

順利將 7 個單詞都放入了字典。字典當中每個單詞都是以整數來顯示，如果想要查看單詞所對應到哪個整數，可以使用屬性 token2id。

```
# 單詞語整數的匹配
print(word2int_gs.token2id)
```

```
{'が': 0, '子供': 1, '走る': 2, '車': 3, 'の': 4,  ➡
'を': 5, '脇': 6}
```

那麼就來數看看每個文本當中，每個單詞出現了幾次吧。首先使用 Dictionary 類別的 doc2bow 輸入出現在文本內的單詞，我們將可以看到在回傳的串列當中有著代表單詞的整數、以及表示出現次數的元組。比方說，輸入第 1 個文本的單詞串列後，就會回傳以下的結果。

```
# 計算第一個文本當中的單詞出現次數
print(word2int_gs.doc2bow(words_list[0]))
```

```
[(0, 1), (1, 1), (2, 1)]
```

該怎麼解讀這個結果呢？回傳的串列當中的第一個元素「(0, 1)」是單詞 0（'が'）出現 1 次的意思；用相同的方式繼續解讀就能了解，「(1, 1)」是單詞 1（'子供'）出現了 1 次、而「(2, 1)」是單詞 2（'走る'）出現了 1 次。

doc2bow 是用來輸入一個文本中所出現的單詞串列，因此如果有不只一個文本時，就需比照文本的數量來重複執行。使用 doc2bow 來計算多個文本的 BoW 後，如果要產生文本 × 單詞的矩陣，就要使用 gensim 函式庫中 matutils 模組的 corpus2dense 函式。

In

```
import numpy as np
from gensim import matutils
# 計算 Bag of Words，產生文本 × 單詞的矩陣
bow_gs = np.array(
            [matutils.corpus2dense(
                [word2int_gs.doc2bow(words)],
                  num_terms=len(word2int)).T[0]
                for words in words_list]
          ).astype(int)
print(bow_gs)
```

Out

```
[[1 1 1 0 0 0 0]
 [1 0 1 1 0 0 0]
 [1 1 1 1 1 1 1]]
```

In

```
# 轉換為 pandas 的 DataFrame
bow_gs_df = pd.DataFrame(bow_gs,
                        columns=list(word2int_gs.
                        values()))
bow_gs_df
```

Out

	が	子供	走る	車	の	を	脇
0	1	1	1	0	0	0	0
1	1	0	1	1	0	0	0
2	1	1	1	1	1	1	1

● 使用 scikit-learn 來計算

用 scikit-learn 的 feature_extraction.text.CountVectorizer 也能計算 BoW。在使用這個類別計算 BoW 時，需要在單詞之間放入空格來產生文本。

In

```
# 在單詞之間放入空格、產生文本
words_split = np.array([' '.join(words)
                                  for words in words_list])
print(words_split)
```

Out

```
['子供 が 走る' '車 が 走る' '子供 の 脇 を 車 が 走る']
```

實例化 CountVectorizer，將上面所生成的文本輸入到 fit_transform，這時回傳值的格式會是稀疏矩陣（大部分的元素都是 0），所以我們再用 toarray 將其轉換為一般的 NumPy 陣列。

In

```
from sklearn.feature_extraction.text import CountVectorizer

# 計算 Bag of Words
vectorizer = CountVectorizer(
                        token_pattern=u'(?u)\\b\\w+\\b')
bow_vec = vectorizer.fit_transform(words_split)

# 轉換為 NumPy 陣列
bow_vec.toarray()
```

Out

```
array([[1, 0, 0, 1, 0, 1, 0],
       [1, 0, 0, 0, 0, 1, 1],
       [1, 1, 1, 1, 1, 1, 1]])
```

如果想知道表示 BoW 的矩陣每一行所匹配的單詞，我們會用 CountVectorizer 類別的 get_feature_names_out。

In

```
vectorizer.get_feature_names_out()
```

Out

```
array(['が', 'の', 'を', '子供', '脇', '走る', '車'], ⇒
dtype=object)
```

🔶 5.2.4　TF-IDF

BoW 能計算每個文本當中的單詞出現次數，但卻無法區分出現在所有文本中的單詞和只出現在一部分的文本的單詞。

TF-IDF（Term Frequency-Inverse Document Frequency）藉由在單詞出現數量上進行加權，就能做到區分哪些單詞是出現在所有文本、而哪些單詞只出現在一部分的文本當中。

● 直覺地說明

TF-IDF 的「TF」是 Term Frequency 的縮寫，這是一個文本中的一個單詞的量化指標，意思是「在一個文本中出現的所有單詞出現次數的總計值當中，一個單詞出現的比率是多少」。比方說，語素分析將「子供が走る（小孩在跑）」分解成「子供」、「が」、「走る」，每個單詞都各出現了一次，所以「子供」的 TF 就是 $\frac{1}{3}$。

而 TF-IDF 的「IDF」是 Inverse Document Frequency 的縮寫，這是單詞的量化指標，意思是「某個單詞所出現的文本，佔整個文本當中的比率是多少」。由於是取該比率的倒數的對數，因此 IDF 計算的是單詞只出現在部分文本中的程度，而不是整個文本。比方說，以先前提到的三個文本中，單詞「脇」只在「子供の脇を車が走る」這個文本裡有出現，因此 IDF 會是 $\log \frac{3}{1} = \log 3$。

TF-IDF 是透過 TF 乘上 IDF 來定義的，也就是 TF-IDF = TF × IDF。TF 表示一個文本當中的單詞出現頻率，IDF 則表示整體文本當中某個單詞出現的程度有多稀有，而在這樣的情況下我們可以知道當條件如下時，算出來的值會比較大。

- 當分析對象的單詞在單一文本當中大量出現時

- 承前項條件，但該單詞卻不是頻繁出現在整體文本，是指出現在局部特定的文本裡這也就是說，當 TF-IDF 算出來的值較大時，就是某個只會出現在局部文本當中的單詞，也大量地出現在某一個文本中的時候。使用 TF-IDF 就能量化那些會出現在特定文本、但在其他文本卻幾乎不會現蹤的單詞。

● 用公式說明

接著來把上面以文字講解的內容改用公式來說明。以下假設文本 d 當中單詞 t 所出現的次數是 $n_{d,t}$，單詞 t 出現的文本數量是 df_t，整體的文本數量為 N，單詞數量以 T 表示。

如此一來可將 TF-IDF 定義如下。

$$\text{TF-IDF}_{d,t} = \text{TF}_{d,t} \times \text{IDF}_t \tag{5.1}$$

接著來講解 TF 與 IDF 的計算方法。

TF 是在文本 d 裡單詞出現數量總計值當中，單詞 t 所出現的比率，所以定義 TF 的算式如下。

$$\text{TF}_{d,t} = \frac{n_{d,t}}{\sum_{t=1}^{T} n_{d,t}} \tag{5.2}$$

IDF 是取有出現單詞 t 的文本數量 df_t、跟總體文本數量 N 的比率的倒數後，再取對數，因此 IDF 定義如下。

$$\text{IDF}_t = \log \frac{N}{df_t} \tag{5.3}$$

● 使用 scikit-learn 來計算

講完了 TF-IDF 的基本概念後，我們要用 scikit-learn 來進行計算。但要特別注意在 feature_extraction.text 模組的 TfidfTransformer 類別當中，TF 會是以公式（5.4）的方式來定義文本當中的單詞出現數量。

$$\text{TF}_{d,t} = n_{d,t} \tag{5.4}$$

另外，IDF 的計算方法不只一種，連求出 TF 與 IDF 之後去計算 TD-IDF 的方法也稍微有點不同。算完 IDF 之後也會執行標準化的處理。

在使用 scikit-learn 裡 feature_extraction.text 模組的 TfidfTransformer 去計算 IDF 的實例化時，由於會將引數指定為 use_idf=True，所以計算就不見得是公式（5.3），也有可能是以公式（5.5）來計算。在計算 IDF 時，對數的真數（取對數之前的值）的分母和分子分別加上了 1。將 1 加到分母中是為了確保所有單詞都不會是 0，來避免因為除以 0 而產生不確定或無法計算的結果。分子則是配合分母的做法，也加上了 1。

$$\text{IDF}_t = \log \frac{N+1}{df_t+1} \tag{5.5}$$

在 TF-IDF 的計算中，我們也可以選擇將 IDF 加上 1，目的是為了補足所有文本中都有出現的單詞（也就是 IDF 為 0 的單詞），以免忽略掉了它們。這個動作可以在實例化 TfidfTransformer 時將引數指定為 smooth_idf=True 來做到。

$$\text{TF-IDF}_{d,t} = \text{TF}_{d,t} \times (\text{IDF}_t + 1) \tag{5.6}$$

再來我們要對計算後所得到的 TF-IDF 進行標準化。我們使用預設的 L2 標準化方法（用所有單詞的 TF-IDF 乘上平方再開根號後的值，去除以每個文本當中每個單詞的 TF-IDF）。執行預設的 L2 標準化後，標準化後的 TF-IDF 寫為 TF-IDF$_{\text{normalized}}$，可以用以下算式表示。

$$
\begin{aligned}
&\text{TF-IDF normalized} \\
&= \frac{\text{TF-IDF}_{d,t}}{\sqrt{(\text{TF-IDF}_{d,1})^2 + (\text{TF-IDF}_{d,2})^2 + \cdots + (\text{TF-IDF}_{d,T})^2}} \\
&= \frac{\text{TF-IDF}_{d,t}}{\sqrt{\sum_{j=1}^{T}(\text{TF-IDF}_{d,j})^2}}
\end{aligned}
\tag{5.7}
$$

● 執行 TF-IDF 的計算

那麼就來執行計算吧！這邊會用到稍早在 BoW 那邊，最後以 gensim 函式庫所建立文本單詞出現頻率的資料來進行確認。

In

```
bow_gs_df
```

	が	子供	走る	車	の	を	脇
0	1	1	1	0	0	0	0
1	1	0	1	1	0	0	0
2	1	1	1	1	1	1	1

第一步先來計算 TF，由於這意味著每一欄的單詞所出現的總次數，所以直接使用之前計算 BoW 所得到的變數 bow_gs 就可以了。

In

```
# 使用 BoW 來當作 TF
tf = bow_gs
print(tf)
```

Out

```
[[1 1 1 0 0 0 0]
 [1 0 1 1 0 0 0]
 [1 1 1 1 1 1 1]]
```

再來要計算 IDF，這部分會依照前面的公式（5.5）去計算每個單詞出現的文本數量，究竟佔了總體文本數量多少比率，並且取其倒數的對數。

In

```
# 計算 IDF
idf = np.log((bow_gs.shape[0] + 1)/
            (np.sum(bow_gs, axis=0, keepdims=0) + 1))
print(idf)
```

Out

```
[0.         0.28768207 0.         0.28768207
 0.69314718 0.69314718 0.69314718]
```

然後結合上述兩者來算出 TF-IDF。

In

```
# 計算 TF-IDF
tf_idf = tf * (idf + 1)
tf_idf_normalized = tf_idf / np.sqrt(np.sum(tf_idf**2,
                                     axis=1, keepdims=True))
print(tf_idf_normalized)
```

Out

```
[[0.52284231 0.67325467 0.52284231 0.          0.
  0.          0.         ]
 [0.52284231 0.          0.52284231 0.67325467 0.
  0.          0.         ]
 [0.26806191 0.34517852 0.26806191 0.34517852 0.45386827
  0.45386827 0.45386827]]
```

依據計算結果，我們可以看出以下的情況。

- 以第二行（語素＝「子供」）來看，TF-IDF 在第一列的文本是 0.67325467，第二列的文本是 0，第三列的文本是 0.34517852。

- 回顧原始文本，可以研判第一列的文本當中，「子供」的 TF-IDF 相對較高是很合理的情況。由於在第一列與第三列的文本中「子供」都只出現過 1 次，所以相對來說 TF-IDF 的值就比較大了。

● 執行 scikit-learn 計算

接著讓我們用 scikit-learn 的 feature_extraction.text 模組的 TfidfTransformer 來計算 TF-IDF。實例化 TfidfTransformer，套用 fit_transform。在執行實例化時要將引數指定為 use_idf=True、smooth_idf=True，並依公式（5.5）來計算 TF-IDF。也別忘了要在引數指定 norm='l2' 來執行 TF-IDF 的 L2 標準化。

In

```
from sklearn.feature_extraction.text import TfidfTransformer
# 實例化 TfidfTransformer 類別
tfidf = TfidfTransformer(use_idf=True, norm='l2',
                         smooth_idf=True)
# 計算 TF-IDF
print(tfidf.fit_transform(bow_gs).toarray())
```

Out

```
[[0.52284231 0.67325467 0.52284231 0.          0.
  0.          0.          ]
 [0.52284231 0.          0.52284231 0.67325467 0.
  0.          0.          ]
 [0.26806191 0.34517852 0.26806191 0.34517852 0.45386827
  0.45386827 0.45386827]]
```

順利地得到了跟先前沒有使用 scikit-learn 時一模一樣的計算結果。

🔷 5.2.5 情緒判斷

我們要綜合應用剛剛的所學,來進行文本的情緒判斷。情緒判斷是指判斷文本是肯定語意(正向)或是否定語意(負向)。

一樣使用夏目漱石的「吾輩は猫である(我是貓)」文本來進行示範。使用 urllib.request.urlopen 函式來將青空文庫的壓縮檔以字節型資料匯入後,指定「吾輩は猫である(我是貓)」的檔名來讀取文本。

● **青空文庫**

URL https://www.aozora.gr.jp/

In

```
import io
import zipfile
import urllib.request

# 匯入青空文庫「吾輩は猫である(我是貓)」的檔案
with urllib.request.urlopen('https://www.aozora.gr.jp/ ➡
cards/000148/files/789_ruby_5639.zip') as r:
    data = r.read()  # 以字節格式讀取壓縮檔
    with zipfile.ZipFile(io.BytesIO(data), 'r') as zipdata:
        with zipdata.open(zipdata.namelist()[0], 'r') as f:
            text = f.read()  # 讀取文本
            text = text.decode('shift_jis')  # 使用 shift-jis 進行解碼
```

接著使用 re 函式庫並執行標準化，來移除標音與註釋。

In

```
import re
# 移除標音、註釋、換行字元
text = re.split(r'\-{5,}', text)[2]
text = text.split(' 底本：')[0]
text = re.sub(r'《.+?》', '', text)
text = re.sub(r'［＃.+?］', '', text)
text = text.strip()
```

In

```
# 移除空格
text = text.replace('\u3000', '')
# 移除換行字元
text = text.replace('\r', '').replace('\n', '')
# 以「。」作為區隔文字來進行切割
sentences = text.split('。')
print(sentences[:5])
```

Out

```
['一吾輩は猫である', '名前はまだ無い', 'どこで生れたかとんと見当がつかぬ', ➡
'何でも薄暗いじめじめした所でニャーニャー泣いていた事だけは記憶している', ➡
'吾輩はここで始めて人間というものを見た']
```

再來要使用 MeCab 執行語素分析，並將分析結果當中每個單詞的原形提取出來儲存為串列。

In

```
import MeCab

words_list = []

# 對每個文本執行語素分析
t = MeCab.Tagger('-Ochasen')
# 對每個文本反覆進行處理（由於最後的元素沒有單詞所以將其排除在外）
for sentence in sentences[:-1]:
    sentence_parsed = t.parse(sentence)
    word_s = []
```

```
    # 對每個文本中出現的單詞串列進行反覆處理
    for line in sentence_parsed.splitlines()[:-1]:
        word_s.append(line.split('\t')[2])
    words_list.append(word_s)

print(words_list[:10])
```

Out

```
[['一', '吾輩', 'は', '猫', 'だ', 'ある'], ['名前', ➡
'は', 'まだ', '無い'], ['どこ', 'で', '生れる', 'た', ➡
'か', 'とんと', '見当', 'が', 'つく', 'ぬ'], ['何', ➡
'でも', '薄暗い', 'じめじめ', 'する', 'た', '所', 'で', ➡
'ニャーニャー', '泣く', 'て', 'いた事', 'だけ', 'は', '記憶', ➡
'する', 'て', 'いる'], ['吾輩', 'は', 'ここ', 'で', ➡
'始める', 'て', '人間', 'という', 'もの', 'を', '見る', ➡
'た'], ['しかも', 'あと', 'で', '聞く', 'と', 'それ', 'は', ➡
'書生', 'という', '人間', '中', 'で', '一番', '｜', ➡
'獰悪', 'だ', '種族', 'だ', 'ある', 'た', 'そう', 'だ'], ➡
['この', '書生', 'という', 'の', 'は', '時々', '我々', ➡
'を', '捕える', 'て', '煮る', 'て', '食う', 'という', ➡
'話', 'だ', 'ある'], ['しかし', 'その', '当時', 'は', ➡
'何', 'という', '考', 'も', 'ない', 'た', 'から', '別段', ➡
'恐い', 'いとも', '思う', 'ない', 'た'], ['ただ', '彼', ➡
'の', '掌', 'に', '載せる', 'られる', 'て', 'スー', 'と', ➡
'持ち上げる', 'られる', 'た', '時', '何だか', 'フワフワ', ➡
'する', 'た', '感じ', 'が', 'ある', 'た', 'ばかり', 'だ', ➡
'ある'], ['掌', 'の', '上', 'で', '少し', '落ちつく', ➡
'て', '書生', 'の', '顔', 'を', '見る', 'た', 'の', ➡
'が', 'いわゆる', '人間', 'という', 'もの', 'の', '見る', ➡
'始', 'だ', 'ある', 'う']] ➡
```

為了判斷提取出的單詞是肯定語意還是否定語意，我們決定使用日本東北大學之前的乾・岡崎研究室（現為乾・鈴木研究室）所提供的「日文情緒字典」[※1]，並以下方的做法來匯入字典。

In

```
# 讀取日文情緒字典
with urllib.request.urlopen('http://www.cl.ecei.tohoku. ➡
ac.jp/resources/sent_lex/wago.121808.pn') as f:
    text_wago = f.read().decode('utf-8')
```

使用 padans 的 read_csv 函式將字典讀取為 DataFrame。

In

```
# 讀取為 DataFrame
wago = pd.read_csv(io.StringIO(text_wago),
                                header=None, sep='\t')
wago.head(3)
```

Out

	0	1
0	ネガ（経験）	あがく
1	ネガ（経験）	あきらめる
2	ネガ（経験）	あきる

匯入之後的字典的第二欄是單詞，而第一欄則是單詞是正向或是負向的情緒標籤。標籤總共有以下 4 種。

● 正向（經驗）

● 正向（評估）

※1　日文情緒字典（用語編）ver.1.0（2008 年 12 月版）/ Japanese Sentiment Dictionary（Volume of Verbs and Adjectives）ver. 1.0
作者：東北大學 乾 ・ 岡崎研究室 / Author(s):Inui-Okazaki Laboratory, Tohoku University
參考文獻：小林のぞみ，乾健太郎，松本裕治，立石健二，福島俊一。蒐集評價表達以提取意見。自然語言處理，Vol.12, No.3, pp.203-222, 2005. / Nozomi Kobayashi, Kentaro Inui, Yuji Matsumoto, Kenji Tateishi, Toshikazu Fukushima. Collecting Evaluative Expressions for Opinion Extraction, Journal of Natural Language Processing 12(3), 203-222, 2005.

● 負向（經驗）

● 負向（評估）

當單詞的標籤為「正向（經驗）」與「正向（評估）」時則會認為是肯定，為「負向（經驗）」與「負向（評估）」時則判斷為否定。然後，再以前者的單詞分數為1、後者則會賦予 −1 的方式，來建立單詞與分數匹配的字典。

In

```
# 建立單詞與分數互相匹配的字典
word2score = {}
values = {'正向（經驗）': 1, '正向（評估）': 1,
          '負向（經驗）': -1, '負向（評估）': -1}
for word, label in zip(wago.loc[:, 1], wago.loc[:, 0]):
    word2score[word] = values[label]
```

確認變數 word2score 當中最前面的 3 個元素。

In

```
# 確認最前面的 3 個元素
list(word2score.items())[:3]
```

Out

```
[('あがく', -1), ('あきらめる', -1), ('あきる', -1)]
```

已經順利地將單詞與分數完成匹配。

接下來要計算每個文本的分數。直接加總單詞的分數，就能算出文本的分數。

In

```
scores = []
# 計算每個文本的分數
for words in words_list:
    score = 0
    # 如果出現了字典裡有的單詞，就加上該單詞的分數
    for word in words:
        if word in word2score:
            score += word2score[word]
    scores.append(score)
```

將文本與算好的分數放入 pandas 的 DataFrame。

In

```
scores_df = pd.DataFrame({'sentence': sentences[:-1],
            'score': scores}, columns=['sentence', 'score'])
scores_df.head(5)
```

Out

	sentence	score
0	一吾輩は猫である	0
1	名前はまだ無い	0
2	どこで生れたかとんと見当がつかぬ	0
3	何でも薄暗いじめじめした所でニャーニャー泣いていた事だけは記憶している	−1
4	吾輩はここで始めて人間というものを見た	0

我們將分數最高的 5 個文本提取出來。

In

```
# 以降冪來排序分數
scores_df_sorted = scores_df.sort_values('score',
                                         ascending=False)
# 提取分數最高的 5 個文本
scores_df_sorted.head(5)
```

Out

	sentence	score
1428	四百六十五行から、四百七十三行を御覧になると分ります」「希臘語｜云々はよした方がいい、さも希 ...	5
453	「厭きっぽいのじゃない薬が利かんのだ」「それだってせんだってじゅうは大変によく利くよく利くと ...	5
5380	精神の修養を主張するところなぞは大に敬服していい」「敬服していいかね	4
3860	美しい？美しくても構わんから、美しい獣と見做せばいいのである	4
3871	それほど裸体がいいものなら娘を裸体にして、ついでに自分も裸になって上野公園を散歩でもするがい ...	3

以相同的做法來提取分數最低的 5 個文本。

```
# 提取分數最低的 5 個文本
scores_df_sorted.tail(5)
```

	sentence	score
7014	自殺クラブはこの第二の問題と共に起るべき運命を有している」「なるほど」「死ぬ事は苦しい、しか ...	−3
7098	向うがあやまるなら特別、私の方ではそんな慾はありません」「警察が君にあやまれと命じたらどうで ...	−4
6618	どうもいつまで行っても柿ばかり食ってて際限がないね」「私もじれったくてね」「君より聞いてる方 ...	−4
3783	こんな、しつこい、毒悪な、ねちねちした、執念深い奴は大嫌いだ	−4
6687	「古人を待つ身につらき置炬燵と云われた事があるからね、また待たるる身より待つ身はつらいともあ ...	−5

從以上的結果來看，分數較低的文本當中存在著「困った（困擾）」、「あやまる（道歉）」、「しつこい（煩人）」、「執念深い（鑽牛角尖）」這類一般來說負向感受較為強烈的單詞，因此算是獲得了令人可以接受的結果。不過，在分數較高的文本當中雖然不乏有著「美しい（美麗）」這類普遍會認為是正向感受的單詞，但文本給人的感覺倒不完全是具有強烈正向的語意。在實際進行情緒分析時，這就會需要再去執行依存語法分析與句法分析。

以上是從語素分析為出發點，逐步講解運用語素分析結果計算 BoW，以及使用 TF-IDF 計算特徵的方法，讓各位對自然語言處理有了最基礎的認識後，在最後放入了情緒分析來作為集大成的應用範例。

本節的內容主要著重在講解大致上的流程，因此省略了像是實際在進行分析時需要建立語素分析專用的字典、統計 BoW 時得要排除日文的助詞這些能夠提升判斷精確度的環節。

5.3 處理圖像資料

分類圖像、辨識圖中的物體,都是常見的機器學習演算法應用場景。在這個章節裡首先介紹基本的圖像資料處理後,我們會帶大家使用機器學習演算法來執行程式碼,練習如何分類圖像。Python 當中不僅有著能夠輕鬆處理圖像的函式庫,也因為可以將圖像視為是數值資料的集合體,所以前面學會的 NumPy 知識也能派上用場!

5.3.1 事前準備

Pyrhon 當中處理圖像的方式不只一種,其中有個好用又常用的 Pillow 函式庫,它是從 PIL(Python Image Library)所衍生出來、接續了 PIL 的專案。就讓我們用 pip 指令先安裝吧!

```
(pydataenv) % pip install pillow
```

然後看是要用自己想要的圖像,或者使用我們為您在樣本當中準備的 tiger.png 圖檔也行。如果有需要請至 P.v 的「附屬資料」下載。Pillow 有支援 PNG、JPEG、BMP、TIFF 等常用圖像格式,就讓我們使用 PIL.Image 模組中的 open 函式來讀取圖像囉。

In

```
from PIL import Image
sample = Image.open('tiger.png')
```

使用內建的 type 函式,可辨別圖像的格式,建立最合適的物件。

In

```
type(sample)
```

```
PIL.PngImagePlugin.PngImageFile
```

在 JupyterLab 上輸入變數名稱,可以確認圖像(圖 5.3)。

In

```
sample
```

圖 5.3　tiger.png

5.3.2　圖像資料的基本功

來練習如何使用 Pillow 函式庫處理圖像資料吧!

size 屬性會以畫素來存放圖像的大小。

In

```
sample.size
```

Out

```
 (660, 700)
```

而 format 屬性與 mode 屬性則是可以知道圖像的格式與色彩呈現方式。

In

```
print(sample.format)
print(sample.mode)
```

PNG
RGBA

色彩呈現主要有以數位相機拍攝照片時的 RGB、以及再加上了透明度資料的 RGBA，跟印刷時會使用的 CMYK。

使用 convert 可以來調整圖像的模式（色彩呈現方法）（ 圖 5.4 ）。如果想將彩色圖像改為灰階（黑白）時，可以在引數內指定大寫的 L。

In

```
sample.convert('L')
```

圖 5.4   灰階圖像

使用 show 可以透過電腦裡預設的應用程式來開啟圖像。

In

```
sample.show()
```

此外，也可使用 Matplotlibk 的方法來開啟圖像（ 圖 5.5 ）。

In

```
import matplotlib.pyplot as plt
fig, ax = plt.subplots()
# 使用 imshow方法來開啟圖像。
ax.imshow(sample)
plt.show()
```

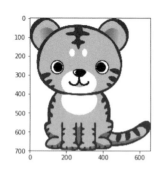

圖 5.5 使用 Matplotlibk 開啟圖像

可以看到左上角的左標為（0, 0），越往右下角座標越大。稍後（P.316）我們會在圖像內部去使用座標來指定位置。

5.3.3　簡單的圖像處理

一樣用 Pillow 執行些簡單的圖像處理，不過可別看這些操作簡單，在將圖像輸入到機器學習演算法時也很常用到喔。

● 調整尺寸大小

使用 resize 來調整圖像尺寸（ 圖 5.6 ）。我們用像素作為單位，以先輸入寬度、再輸入高度的順序去放入一個元組。

In

```
sample.resize(size=(200, 300))
```

圖 5.6　調整圖像的尺寸

由於調整尺寸時是用原始圖像來修改，所以當計算方法不同時，也會帶來不同的結果。我們可以在 resample 引數內去指定 Pillow 當中所準備的濾鏡，從簡易的演算法到比較需要耗費運算資源的高畫質輸出方法都應有盡有。細節再請有興趣的讀者自行參閱官方網站。

● Image.resize

URL https://pillow.readthedocs.io/en/stable/reference/Image.html?highlight=resize#PIL.Image.Image.resize

預設濾鏡僅是使用簡易演算法去查看每個像素周圍的資訊，現在讓我們將它改為 LANCZOS 濾鏡（ 圖 5.7 ）。

In

```
sample.resize(size=(200, 300),
              resample=Image.Resampling.LANCZOS)
```

圖 5.7　調整濾鏡

預設濾鏡原本所呈現的圖像，剛剛在調整了尺寸之後長跟寬的線條都有鋸齒感，現在改變濾鏡之後看起來線條已經平順多了。如果 Pillow 版本不同的話，可能 resize 原本預設的濾鏡就已經有被調整，導致各位可能覺得執行了上述操作之後， 圖 5.6 跟 圖 5.7 沒產生太大區別。有遇到這個情況的讀者可以對 resample 引數指定 Image.Resampling.NEAREST，就能清楚看出與 圖 5.7 的差異囉！

● 旋轉圖像

在執行機器學習演算法時，為了要增加訓練資料的數量，我們會透過將圖像稍微旋轉的方式來建立新資料。使用 rotate，並在引數當中指定旋轉的角度，圖像就會以逆時鐘方向轉動囉（ 圖 5.8 ）。

```
sample.rotate(15)
```

圖 5.8 旋轉圖像

糟糕，旋轉之後怎麼有些部分超出範圍了。別擔心，只要將 expand 引數指定為 True，就能在旋轉圖像角度的同時，將所有超出範圍邊角的圖像內容都完整呈現出來囉（ **圖 5.9** ）。

In

```
sample.rotate(15, expand=True)
```

圖 5.9 完整顯示旋轉後的圖像

● 裁切圖像

使用 crop 來將原本圖像當中的一部分裁切並擷取為新圖像，我們需要以長方形來指定裁切範圍（ **圖 5.10** ），而指定範圍時要將左上方與右下方的座標，也就是總共 4 個數字放入元組裡。一張圖像的最左上角的座標是（0,0）。

In

```
sample.crop((0, 0, 540, 400))
```

圖 5.10 裁切圖像

● 儲存修改後的圖像

接著來另存使用 resize 以及 crop 所處理過後的圖像。在 save 放入檔名，並將副檔名修改為 .jpg 或 .tiff，就能設定想要儲存的圖像格式。如果圖像模式是 CMYK，也可以另存為印刷業或者出版業常用的 EPS（Encapsulated PostScript）。

In

```
crop_img = sample.crop((0, 0, 540, 400))
crop_img.save('crop_img.png')
```

● 5.3.4 將圖像轉換為數值資料

圖像當中的每個像素，無論是灰階的黑白色、或者是彩色，都是儲存了數值資料的集合體。因此我們可以在這樣的思維之下透過簡單的轉換，將圖像的資訊以數值來輸入到機器學習演算法當中。比方說使用 Pillow 匯入的資料，就能直接轉換為 NumPy 的 ndarray。

In

```
import numpy as np
num_img = np.array(sample)
```

檢查看看建立完成的 ndarray 的大小。

```
num_img.shape
```

```
(700, 660, 4)
```

結果是有 3 個元素的元組。在尺寸大小的後面，還能看出每個像素都持有 4 個數值的組合。

於是我們嘗試指定座標，取得最左上方的像素資料。

```
num_img[0, 0]
```

```
array([255, 255, 255, 255], dtype=uint8)
```

順利以 0 到 255 的整數組合取得了這個位置的像素資料。由於這張 PNG 圖檔是 RGBA 模式，所以在 RGB 資料之後還有透明度，這 4 個數值組合起來才成為一個像素。然後我們看到 RGB 都是最大值 255，所以可以知道這個像素是白色的。

如果指定不同位置的像素，就可以看出顏色的差異。

```
num_img[100, 100]
```

```
array([ 99,   50,   36, 255], dtype=uint8)
```

⬢ 5.3.5　使用機器學習來分類圖像

本書用了龐大的篇幅來講解 scikit-learn，接下來就正式使用它來驅動真正的圖像資料進行機器學習。我們可以從相當知名的機器學習競賽網站 Kaggle 上獲得所需資料，是簡單的圖形圖像。從下方的連結或者本書的附頁當中都可以下載。

● **Kaggle**

URL　https://www.kaggle.com/smeschke/four-shapes

下載完成之後我們開啟檔案當中的 shapes.zip，shapes 目錄底下有 circle、square、star、triangle 這 4 個目錄，當中分別儲存了 PNG 格式的圓形、方形、星形、三角形黑白圖像。

● 匯入檔案

在開始閱讀以下的內容之前，請回顧 P.049 的方法，將 shapes 目錄上傳到 JupyterLab，並且圖像資料都已儲存在 shapes 目錄中。使用 pathlib 模組，就可以輕鬆取得檔案的清單。

In

```
from pathlib import Path
p = Path('shapes')
circles = list(p.glob('circle/*.png'))
circles[:10]
```

Out

```
['shapes/circle/0.png',
 'shapes/circle/1.png',
 'shapes/circle/10.png',
 'shapes/circle/100.png',
 'shapes/circle/1000.png',
 'shapes/circle/1001.png',
 'shapes/circle/1002.png',
 'shapes/circle/1003.png',
 'shapes/circle/1004.png',
 'shapes/circle/1005.png']
```

需要注意的是，上面的顯示是簡化過的狀態。實際上在 Windows 系統中，它會以 WindowsPath 的實例輸出，而在包括 macOS 在內的 Unix 系統中，則是以 PosixPath 的實例輸出。

我們讀取一個檔案並顯示（圖 5.11）。

In
```
sample = Image.open(circles[0])
sample
```

圖 5.11　圖像顯示範例

In
```
sample.size
```

Out
```
(200, 200)
```

由於每張圖的大小都是 200×200 像素，因此這邊無須執行 resize。加上這次都是 256 階的灰階圖像，每個像素當中都僅有 1 個值。透過將左上角的像素資料轉換為 ndarray 來進行確認。

In
```
np.array(sample)[0, 0]
```

Out
```
255
```

● 準備資料

現在就來將手邊的 4 個形狀的資料全部都匯入，建立訓練集與驗證集。形狀已經有以目錄進行區分，於是我們借力使力，來建立監督標籤。由於機器學習演算法擅長處理數值資料，因此我們使用字典來儲存表示形狀的字串、以及類別標籤相互匹配的資訊。

In

```
cls_dic = {'circle': 0, 'square': 1, 'star': 2, 'triangle': 3}
```

由於轉換為數值後的陣列依然跟圖像一樣是二維資料，因此我們使用 flatten 轉換為單維資料。以 X 作為圖像資料、y 作為標籤，透過以下的程式碼來準備好預計要放入機器學習演算法的資料。

In

```
X = []
y = []
for name, cls in cls_dic.items():
    child = p / name
    for img in child.glob('*.png'):
        X.append(np.array(Image.open(img)).flatten())
        y.append(cls)
```

In

```
len(X)
```

Out

14970

In

```
len(X[0])
```

Out

40000

可以看到總共讀取了 14,970 張圖像，每一張圖都是 200×200（=40,000）像素的單維向量。

接著使用 train_test_split 將資料分成訓練集與驗證集，由於這次的任務比較簡單，因此訓練集我們分配 95%，僅保留 5% 作為驗證集。

```
from sklearn.model_selection import train_test_split
X_train, X_test, y_train, y_test = train_test_split(
                    X, y, test_size=0.95, random_state=123)
```

● 建立模型與評估

做到這個階段，再來就是跟操作使用機器學習演算法去處理非圖像資料是一樣的流程了。這次我們選擇隨機森林來建立訓練模型。當然，如果各位有任何現成可以拿來分類的模型也都可以拿來運用。

```
from sklearn.ensemble import RandomForestClassifier
rf_clf = RandomForestClassifier(random_state=123)
rf_clf.fit(X_train, y_train)
```

```
RandomForestClassifier(random_state=123)
```

接著要來預測驗證集的資料形狀了，先將資料放入變數 pred。

```
pred = rf_clf.predict(X_test)
```

再使用 classfication_report 來評估模型的性能。

```
from sklearn.metrics import classification_report
print(classification_report(y_test, pred))
```

Out

	precision	recall	f1-score	support
0	1.00	1.00	1.00	3534
1	1.00	1.00	1.00	3578
2	1.00	1.00	1.00	3580
3	1.00	1.00	1.00	3530
accuracy			1.00	14222
macro avg	1.00	1.00	1.00	14222
weighted avg	1.00	1.00	1.00	14222

以相當高的精確度預測到了所描繪的形狀[2]。

以上是使用 Pillow 執行簡易的圖像處理，以及將圖像資料放入機器學習演算法的實際操作解說。

如果遇到像是需要分類照片當中所拍到的是什麼物體的複雜問題時，就必須要用到有加入了深度學習（Deep Learning）的高端機器學習演算法了。但就算是深度學習，如果沒有正確答案，也無法發揮作用。知名的 ImageNet 就動用了人海戰術去大量地標註圖像資料上的標籤，並且將這些資料集公開提供使用。而 Kaggle 也有著各式各樣的圖像資料集可以使用。有興趣的讀者不妨實際去取得這些資料，持續地在機器學習演算法的學習路上深造！

● **ImageNet**
URL http://www.image-net.org/

※2　原本在 Kaggle 競賽當中的題目更難，是將我們這裡所使用的 4 種圖形的資料作為正確答案，去建構足以辨識影片當中出現的這 4 種圖形的模型。

開源軟體的好處

在本書中我們介紹了使用 Python 進行資料分析所需的各種軟體。除了 Python 之 外，JupyberLab、Matplotlib、NumPy、pandas 和 scikit-learn 都是獨立的軟體開發專案，且都是開源軟體。而開源軟體的特色是在使用軟體、查看原始碼、修改和重新發佈都幾乎沒有限制。開源軟體具有不同的授權條款。比方說需要多加留意像 GNU General Public License（GNU GPL）這樣具代表性的著作傳（Copyleft）式授權條款，這不僅限制了使用軟體，連使用該軟體進行二次創作的產物都受限。如果使用 GNU GPL 的軟體來創作並公開自己的軟體，則必須依照 Copyleft 授權條款的規定公開原始碼。當然從確保軟體持續能夠自由地被使用這點來看，可說是相當優秀。其他像是 BSD 授權條款跟 MIT 授權條款則是沒有著作傳的概念，讓二次創作能自由地發揮。

大多數開源軟體都是由志願加入的軟體工程師所維護的，他們在日常工作中賺取薪水，同時在工作之外的時間參與軟體開發。在大型專案中，有些組織會成立基金會（Foundation）來管理智慧財產權跟確保財務基礎穩定。在 Python 社群中則由 Python Software Foundation（PSF; https://www.python.org/psf/）來擔任這個角色，一般人也可以輕鬆地向 PSF 進行捐助。知名 Python Web 框架 Django 也有 Django Software Foundation（https://www.djangoproject.com/foundation/）在 提 供 支 援。還有一些試圖整合並支援多個軟體項目的倡議。NumFOCUS（https://numfocus.org/）是支援科學計算領域的開源軟體專案，本書中所使用的大多數函式庫都有獲得 NumFOCUS 的支援。NumFOCUS 網站也接受捐助。

有些開源軟體是在獲得營利單位全面性的支援下進行開發，跟一般的開源軟體開發專案一樣，任何人都可以參加。大部分的開發人員都是支援該專案的企業員工。Plotly 是一款運用了 JavaScript 架構的交互式視覺處理函式庫，由總公司設於加拿大的 Plotly 公司支援開發。Plotly 公司也開發了一款能以少量程式碼建構資料分析 Web 應用程式工具的 Dash，且一樣都免費提供大眾使用。據說 Plotly 公司是透過提供 Dash Enterprise 在雲端上部署 Dash 應用程式等方式以獲取收入。

資料分析函式庫 Anaconda 是 Python 的其中一種發佈形式，其開發由總部在美國的 Anaconda 公司所主導。由於只需要安裝一次就可以備妥資料分析所需的環境實在太方便了，本書所使用的函式庫幾乎都包含在其中。過去所有人都能免費使用的 Anaconda，自 2020 年 4 月官方宣佈變更授權條款後，大規模的組織想要使用就得付費。當時 Anaconda 由於太受歡迎的程度，連想要使用 Python 的 pip 特有的 conda 指令時都需要等待相當長的響應時間。雖然普羅大眾認為之所以會變更授權條款或許是為了改善使用者體驗，但基本上源自於一個以營利為主的企業單位所維護的軟體專案，突然地改變政策並非不可能，因此都需要做好心理準備也說不定。

現在已經是個不單純仰賴 Python 來進行資料分析的時代，開源軟體在電腦上也已經成為了不可或缺的存在。充分地運用這些快速發展的軟體，絕對可以加速商業服務與科學技術研究的進程。雖然要自願以軟體工程師的身分參加開源軟體的開發專案需要高度的技能，但依然有許多方式可以為專案貢獻心力。例如有許多的專案都存放在 GitHub 儲存庫上，只要使用 GitHub Sponsors 就能為開發社群提供資金上的協助；又比方說使用軟體時遇到問題，將它提報給工程師進行修復，也是為專案貢獻的方式。我們之所以受惠於開源軟體，正是因為每個人都持續努力地回饋給開發社群。由衷期待在各位的付出與支援之下，整個社會都能延續著支持軟體專案蓬勃發展的趨勢。

INDEX 索引

REFERENCES 參考文獻

『Python 教學』（https://docs.python.org/zh-tw/3/tutorial/index.html）
閱讀 Python 官方教學，全面性地了解 Python。

『線型代数入門』（東京大学出版会）
於 1966 年所出版的大學初等線性代數教科書。為了理解降維等數學概念，需要掌握本書當中所介紹的基礎知識。

『本質から理解する 数学的手法』（裳華房）
這本書可以告訴我們數學想要表達的是什麼、本質為何。尤其是在深入淺出地講解關於微分具備何種含義後，更能讓我們明白解析學有多重要。

『完全独習 統計学入門』（ダイヤモンド社）
要開始學習統計學非它不可，熱銷 10 萬冊絕對有它的厲害之處。非常顯淺易懂，所有細節都凝聚了作者的功力在內，是最適合剛開始學習統計學時用來開啟新世界大門的最佳書籍。

『Python で理解する統計解析の基礎』（技術評論社）
運用 Python 編程，從統計分析的基本概念到稍微進階的內容都能學到的書籍。由於也會提到無偏方差等內容，因此適合想要學會編寫程式碼、也希望能學到真正統計學的讀者。

『意味がわかれば数学の風景が見えてくる』（Beret Publishing Co., Ltd. ; 改訂合本版）
集結了許多深入淺出、廣泛涉獵許多數學領域的說明，每個領域的講解都有統整結論，無論是從書中的哪個領域開始讀起都能輕鬆進入狀態，且書中豐富的圖表也能令讀者更直覺地理解內容。

『マスペディア 1000』（Discover 21, Inc.）
本著用來閱讀的數學為概念的宗旨匯集了數學各個領域我們所不知道的事。除了能用來查詢不懂的專有名詞之外，平時隨手翻閱也相當愉快、毫無壓力。

『改訂版 Python ユーザのための Jupyter[実践] 入門』（技術評論社）
主要介紹 JupyterLab 使用方法與 Matplotlib 視覺處理的書籍。運用 Matplotlib 繪圖的基本功、以及更多顯示細節與調整技巧都毫無保留地詳述。

『Python データサイエンスハンドブック』（O'Reilly Japan, Inc.）
與本書一樣透過常用工具來編寫的學習書籍。機器學習的章節更是詳述關於演算法的細節，非常值得一讀。

『Python ではじめる機械学習』（O'Reilly Japan, Inc.）
適合剛開始打算透過 Python 來上手機器學習的讀者。舉凡監督式學習（如分類、迴歸）、非監督式學習（如預處理、降維度等），甚至是建構特徵的方法（特徵工程）、如何建立機器學習模型並加以評估其成效等，都進行了詳盡的解說。

『Python 機械学習プログラミング 第 3 版』（インプレス）
在讀完機器學習的入門書籍後，就可以進階到這本了。分類、迴歸、降維、分群、預處理等演算法跟執行方法絕對不在話下，就連評價機器學習模型的方式、超參數調教、集成學習等都進行了非常詳盡的解說。並且最後還有著對深度學習（Deep Learning）的著墨與講解。

『NumPy Reference』（https://numpy.org/doc/stable/reference/index.html）
NumPy 官方參考。（英文）

『pandas 官方文件』（https://pandas.pydata.org/pandas-docs/stable/index.html）
pandas 官方文件。（英文）

『Matploblib User's Guide』（https://matplotlib.org/stable/users/index.html）
Matploblib 官方用戶指南。（英文）

『scikit-learn User Guide』（https://scikit-learn.org/stable/user_guide.html）
scikit-learn 官方用戶指南。（英文）

PROFILE ## 作者簡介

寺田 学（Terada Manabu）負責第 1 章、第 4 章第 1 節、第 4 章第 2 節

目前主要是提供 Python Web 相關的諮詢與建置。從 2010 年開始積極從事日本國內 Python 社群的活動，盡力舉辦 PyCon JP。主辦 OSS 相關社群或是擔任社群工作人員。近來主要在自己的 Podcast「terapyon channel」傳達理念與想法。監修『スラスラわかる Python 第 2 版（2021翔泳社）』、以及共同著有『機械学習図鑑（2019 翔泳社）』。

主要所屬單位
（株）CMS Communications 代表董事 https://www.cmscom.jp
一般社團法人 PyCon JP Association 代表理事 http://www.pycon.jp
一般社團法人 Python Engineer Development Association
顧問理事 https://www.pythonic-exam.com
Plone Foundation Ambassador https://plone.org
PSF（Python Software Foundation）Fellow https://www.python.org/psf/
國立大學法人一橋大學 社會學研究科 專攻地球社會研究 客員準教授

辻 真吾（Tsuji Shigo）負責第 3 章、第 5 章第 3 節

1975 年出生於東京都足立區。研究所畢業後於 IT 創投企業服務，但不到三年就離職。回歸博士課程，從事生物資訊科學的研究。目前隸屬東京大學先端科學技術研究中心。從 2015 年開始主辦 Start Python Club，每個月舉辦一次每個人都可參加的「大家的 Python 讀書會」。個人著作有『Python スタートブック増補改訂版（2018 技術評論社）』、共同著作有『ゼロからはじめるデータサイエンス入門（2021 講談社）』。喜歡美食與品酒。

web: www.tsjshg.info

鈴木　たかのり（Suzuki Takanori）負責第 2 章、第 4 章第 3 節、第 5 章第 1 節

為了建立部內網站而與 Zope/Plone 相遇，有需要的時候就會使用 Python。2011 年 1 月擔任 PyCon mini JP 的工作人員，2014 年～ 2016 年擔任 PyCon JP 座長。其他的主要活動有擔任 Python 攀岩部（#kabepy）部長，與主辦 Python mini Hack-a-thon（#pyhack）。

共同著作 / 譯書有『Python 実践レシピ（2021 技術評論社刊）』、『最短距離でゼロからしっかり学ぶ Python 入門（必修編・実践編）（2020 技術評論社刊）』、『いちばんやさしい Python の教本 第 2 版（2020 インプレス刊）』、『いちばんやさしい Python 機械学習の教本（2019 インプレス刊）』、『Python プロフェッショナルプログラミング 第 3 版（2018 秀和システム刊）』。

興趣是管樂、樂高，以及益智遊戲。
主要所屬單位
一般社團法人 PyCon JP Association 副代表理事
株式會社ビープラウド 董事 / Python Climber
facebook: takanory.net
web: slides.takanory.net
twitter: @takanory

福島　真太朗（Fukushima Shintarou）負責第 4 章第 4 節、第 5 章第 2 節

研究所時期用 C 語言與 C++ 語言進行非線性力學的數值計算，進入社會後由於從事機器學習、資料分析的工作，才遇上了 Python（與 R 語言）。目前使用 Python 與 Julia 進行分析車輛所蒐集的駕駛操作與車輛動向等，有關時間順序的感測器資料、影像資料、工廠感測器資料、物理性質、材料資料的剖析。另作為產業技術綜合研究所「機器學習品質管理指引」的評估委員，正在進行著機器學習相關品管、品保的研究開發工作。擁有博士學位（資訊理工學）。

著有『データ分析プロセス（2015 共立出版）』、『データサイエンティスト養成読本 機械学習入門編（2015 技術評論社）』（與其他作者共同撰寫）等多本書籍，另有監修譯書『[第 3 版] Python 機械学習プログラミング（2020 インプレス）』。

twitter: @sfchaos

用 Python 快速上手資料分析與機器學習 第二版

作　　　者：寺田學 / 辻真吾 / 鈴木たかのり / 福島真太朗
裝訂・文字設計：大下 賢一郎
封面照片：iStock.com/Rach27
編　　　輯：Libro Works
校對合作：佐藤 弘文
譯　　　者：温政堯
企劃編輯：蔡彤孟
文字編輯：江雅鈴
設計裝幀：張寶莉
發 行 人：廖文良

發 行 所：碁峰資訊股份有限公司
地　　　址：台北市南港區三重路 66 號 7 樓之 6
電　　　話：(02)2788-2408
傳　　　真：(02)8192-4433
網　　　站：www.gotop.com.tw
書　　　號：ACD023400
版　　　次：2023 年 10 月二版
建議售價：NT$680

國家圖書館出版品預行編目資料

用 Python 快速上手資料分析與機器學習 / 寺田學, 辻真吾, 鈴木たかのり, 福島真太朗原著；温政堯譯. -- 二版. -- 臺北市：碁峰資訊, 2023.10
　　面；　公分
ISBN 978-626-324-594-5(平裝)
1.CST：Python(電腦程式語言)
312.32P97　　　　　　　　　　　　　　112012392

讀者服務

● 感謝您購買碁峰圖書，如果您對本書的內容或表達上有不清楚的地方或其他建議，請至碁峰網站：「聯絡我們」\「圖書問題」留下您所購買之書籍及問題。(請註明購買書籍之書號及書名，以及問題頁數，以便能儘快為您處理)
http://www.gotop.com.tw

● 本書是根據寫作當時的資料撰寫而成，日後若因資料更新導致與書籍內容有所差異，敬請見諒。

● 售後服務僅限書籍本身內容，若是軟、硬體問題，請您直接與軟體廠商聯絡。

● 若於購買書籍後發現有破損、缺頁、裝訂錯誤之問題，請直接將書寄回更換，並註明您的姓名、連絡電話及地址，將有專人與您連絡補寄商品。